KB275050

함께라서 괜찮은 출산과 육아

히스르북스

히스르북스

프롤로그

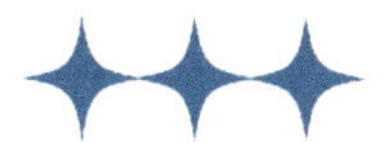

제1부 전반전

제2부 Half Time

산후 다이어트, 건강을 되찾는 여정

제4부 우리만의 길을 찾는 육아

B. 부부가 함께 준비하는 출산 전 이야기

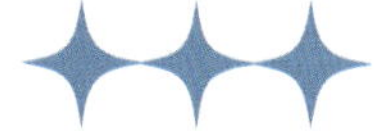

PROLOGUE

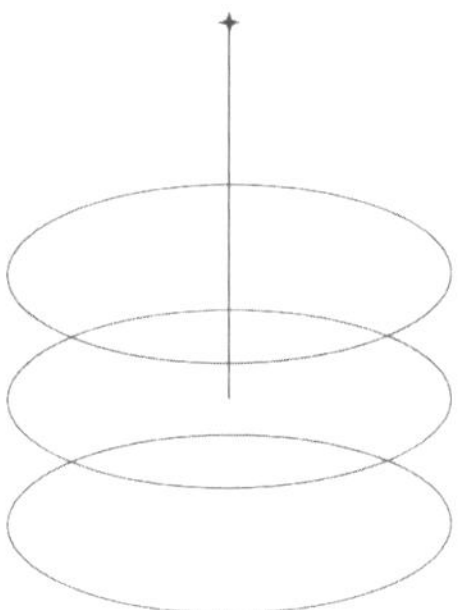

엄마의 건강은 행복의 시작입니다

저는 둘라테라피스트(Doulatherapist)이자 수유 코치입니다. 둘라(Doula)는 임신과 출산에 대한 전문 교육을 받고, 출산 현장에서 여성에게 신체적·정신적·정보적 지지를 제공하는 사람을 말합니다. 수유 코치는 예비 엄마의 산전 관리, 모유 수유 코칭, 가슴 관리, 산후 관리를 돕지요. 겉으로는 '몸을 만지는 일'처럼 보이지만, 사실 마음까지 함께 돌보는 일입니다.

이 일을 처음 시작했을 때는 아픈 곳만 잘 만져주면 문제가 해결될 거라 믿었습니다. 그러나 산모는 물론 수많은 엄마들을 만나며 알게 됐습니다. 단순히 아픈 곳만 돌봐서는 근본적인 문제가 풀리지 않는다는 사실을요. 오랜 시간 현장에서 배운 가장 확실한 진실 하나는 이것이었습니다. 마음이 치유되지 않으면 몸도 온전히 치유되지 않는다. 그래서 저는 또 다른 방식으로 엄마들을 만나고 이야기를 나누기 위해, 다소 생소할 수 있는 '둘라테라피스트'라는 이름과 수유 코치를 함께 이어가고 있습니다.

"띠링."

문이 열리며 오늘의 마지막 초보 엄마가 뒤돌아 말했습니다.

"선생님, 감사합니다. 오늘도 희망과 용기를 얻고 돌아갑니다. 아가랑 같이 화이팅해 볼게요."

저는 웃으며 답했습니다. "그럼요. 이미 충분히 멋진 엄마세요. 자신감을 가지고 육아해 봅시다!"

하루에도 적게는 2~3명, 많게는 5~6명의 예비 엄마와 육아 중인 엄마들을 만납니다. 지금까지 헤아려 보니 1,000명이 훌쩍 넘었습니다. 놀랍고도 흥미로운 건, 대다수의 엄마가 거의 비슷한 질문을 한다는 점입니다.

"선생님, 저 때문에 아이가 배불리 먹지 못하고 잘 자지 못하는 것 같아요. 제가 아이를 힘들게 하는 건 아니겠죠?"

엄마가 되면 '내가 부족해서 아이를 잘 못 키우는 건 아닐까' 하는 두려움이 자연스럽게 생깁니다. 사람마다 상황은 다르지만, 임신과 출산 이후에 던지는 질문은 놀랄 만큼 닮아 있습니다. 왜일까요?

제가 내린 결론은 분명했습니다. 임신·출산의 주체는 엄마 아빠이지만, 병원·조리원·인터넷 등에서 접한 '카더라' 정보가 너무 많아 올바른 길을 잡지 못하는 경우가 많다는 것입니다.

예를 들어,

임신 중엔 "출산만 하면 괜찮아져요."

출산 직후엔 "아파도 참으세요."

수유실에서는 "엄마 가슴으론 수유 제대로 못 해요."

조리원에서는 "그렇게 하면 아기가 불편해요."

인터넷에는 먹·놀·잠, 수면 교육, 수유 시간, 육아 방법 등 끝도 없는 정보의 파도가 밀려옵니다.

이렇게 무분별한 정보를 접한 엄마 아빠는 '내가 못해서' 산후 회복과 육아가 안 되는 것이라 오해하기 쉽습니다. 처음 부모가 된 우리는 서툴고 불안할 수밖에 없습니다. 그래서 서로에게 의지가 되기보다, 때로는 서로를 더 힘들게 하기도 하지요.

초보 부모의 시행착오는 지극히 당연합니다. 다만 꼭 기억해야 할 점이 있습니다. 모유 수유나 수면 교육도 중요하지만, 그보다 더 중요한 것은 엄마의 건강이라는 사실입니다. 그래서 저는 늘 이렇게 말합니다. "엄마의 건강은 행복의 시작입니다."

저는 초보 부모를 다그치거나 지침만 나열하는 사람이 되고 싶지 않습니다. 그 대신 희망과 용기를 가장 가까이에서 건네는 동행자가 되고 싶습니다. 불안한 엄마에게 '왜 지금 힘든지', '어떻게 하면 나아지는지'를 차분히 알려주고, 아주 작은 용기만 북돋아도 놀라운 변화가 일어납니다. 엄마가 웃음을 되찾으면 아빠도 웃고, 아이도 더 활짝 웃습니다. 저는 바로 그 변화를 곁에서 보며, 엄마들에게 웃음과 용기를 건네기로 마음먹었습니다.

1,000명을 만나 겪은 현장의 모든 것

제가 이 책을 쓰게 된 이유는 단순합니다. '나만 힘든 게 아닐까' 하는 모든 엄마에게 꼭 말해주고 싶었습니다. 1,000여 명의 엄마가 같은 고민과 어려움을 겪었다고요. 그리고 임신·출산·육아는 엄마 혼자 잘한다고 해서 뚝딱 해결되지 않는다는 사실도 전하고 싶었습니다.

무엇보다 초보 엄마 아빠에게 이 시기에 실제로 일어나는 일들을 미리 알려주고 싶었습니다. 태교는 왜 함께해야 하는지, 임신 중 엄마의 몸은 어떻게 변하는지, 출산 후 산후조리는 어떻게 해야 하는지, 아빠의 역할은 무엇인지, 산후 우울증은 왜 오는지…. 카더라가 아닌, 현장에서 부부들을 오래 지켜본 전문가의 경험으로 낱낱이 전하고자 합니다.

눈을 맞추는 순간 눈물을 왈칵 쏟아내는 엄마들에게 저는 오늘도 말합니다.

"하루하루 아이를 위해 고민하는 엄마·아빠는 잘못된 선택을 하지 않아요. 몰라서 어려울 뿐, 이미 충분히 최선을 다하고 있습니다. 아이도 그걸 알아요."

그 한마디에 펑펑 울다가도 개운한 얼굴로 돌아서는 엄마들을 볼 때면, 제 초보 엄마 시절이 떠오릅니다. '잘하고 있다'고 말해주는 선배가 없어 답답했고, 정답을 찾겠다며 새벽마다 스마트폰을 붙들고 마지막 페이지까지 검색하던 그때의 저요.

오늘도 밤을 지새우는 엄마에게 꼭 전하고 싶습니다.

"잘하고 있어요. 엄마도 처음이니 서툰 게 당연합니다. 모두에게 맞는 답은 없고, 우리 가족에게 맞는 방법이 있을 뿐이에요."

부디 이 책이 엄마 아빠의 긴 밤을 조금이라도 줄여주고, 그만큼 마음 편히 쉬는 시간으로 이어지길 바랍니다.

제1부

전
반
전

심장이 갑자기 뛰고 머릿속이 하얘졌다. 기쁨이라기보다는 당황과 두려움이 먼저 몰려왔다. 그리고 떠오른 생각은 '임신 테스트기에 정말 두 줄이 나오기도 하는구나'라는 어이없는 말이었다.

그렇다. 나는 아무런 준비도 되어 있지 않은, 모든 게 어수선한 시기에 임신 소식을 통보받았다. 준비가 안 된 상태에서 맞이한 현실은 도무지 믿기지 않았고, 믿고 싶지도 않아 임신 테스트기를 조용히 화장지에 싸서 방치했다. 현실에서 도피했다고 표현하는 게 더 정확할 것이다.

그렇게 한동안 가만히 있었다. 무슨 말을 해야 할지, 무슨 생각을 해야 할지 전혀 몰랐기 때문이다. 왜 인생은 내 뜻대로 흘러가지 않는지, 계획대로 되지 않는지 원망스러웠다. 이 현실을 피하고 싶었다. 하지만 이내 마음을 추슬러 현실로 돌아와, 모든 것을 받아들이기 시작했다.

결혼은 부부의 시작을 알리는 첫걸음이고, 임신은 그다음을 준비하는 문제라고만 여겼다. 그러나 인생은 늘 계획한 대로만 흘러가지 않는다. 예상치 못하게 찾아온 첫째의 소식은 우리를 크게 혼란스럽게 했다. 예식 후 혹은 신혼여행을 마치고 돌아와 임신 소식을 듣는 건 흔히 있을 수 있는 일이지만, 막상 내 일이 되니 감당하기 어려웠다.

부부가 된다는 것도 아직 실감이 나지 않았는데, 부모가 된다는 사실까지 고민해야 한다니 막막했다. 하지만 막막함을 느낀다고 해서 달라지는 것은 없었다. 결국 필요한 건 '대화'였다. 단순한 수다가 아니라, 서로의 마음을 깊이 나누는 진지한 대화 말이다.

그날 밤, 우리는 각자의 생각을 정리했다. 그리고 함께 마주 앉아 나눴다.

'나는 부모가 될 준비가 되었을까?'

'직장은 어떻게 하지? 곧 재계약 시기인데 내 경력은?'

'육아는 가능할까? 엄마나 시어머니는 각자 일 때문에 도와주실 수 없을 텐데…'

'모성애가 없다면 어떡하지? 나 때문에 가족이 힘들면 어쩌지?'

 함께라서 괜찮은 출산과 육아

‘아이를 키우려면 돈은 얼마나 필요할까?’

물론 가족이 생기는 건 기쁘고 함께 만들어 가는 과정은 기대되었다. 그러나 당장 눈앞에 놓인 어려움과 불확실성이 더 크게 다가왔다. 그 걱정들 속에서도, 각자가 정리한 생각을 나누기 시작했다.

“언제 병원에 가야 할까? 엄마는 아이를 봐 줄 수 없을 것 같은데 어떡하지?”

“내가 부모님께 말씀드리고 상의해 볼게.”

“회사 계약이 연장될까? 임신 이야기는 하지 않는 게 좋을까?”

“언제까지 숨길 순 없으니, 차라리 솔직히 말하고 결과를 기다리는 게 낫지 않을까?”

“아이를 키우려면 얼마나 필요할까?”

낮부터 밤까지 이어진 대화는, 부부에서 부모가 되기 위한 꼭 필요한 과정이었다. 시기는 예상보다 빨랐지만, 함께 나눈 진지한 대화는 부모가 될 준비의 첫걸음이었다.

우리는 병원을 알아보고, 예상치 못한 임신 속에서도 놓친 것은 없는지 점검했다. 아이와 우리의 건강을 위해 무엇을 먼저 해야 하는지 살폈다. 그렇게 결혼의 연속선상에서 부모가 되는 여정을 시작할 수 있었다.

첫째는 계획하지 않았는데도 찾아왔지만, 둘째는 꼭 계획해서 맞이하고 싶었다. 건강을 챙기고 상황을 고려하며 준비했지만, 뜻대로 되지 않았다. 첫째는 준비하지 않아도 찾아왔는데, 둘째는 준비해도 오지 않았다. 그때 깨달았다. 임신·출산·육아는 내 마음대로 되는 일이 아니라는 사실을. 하지만 곁에 함께하는 남편이 있었기에 둘째가 오지 않을 때에도 버틸 수 있었고, 언젠가 찾아올 날을 기다릴 수 있었다.

임신은 계획대로 되지 않을 때가 많다. 그러나 그 길을 함께 걸으며 대화할 때, 우리는 부모가 되어 가는 계단을 한 칸씩 오르고 있는 것이다. 지금은 힘들고 막막해도, 2~3년 후에는 오늘의 시간이 분명한 의미와 그림으로 다가올 것이다. 그래서 부부가 함께 대화하는 과정은 그 무엇보다 소중하다. 부부는 인생을 함께 걷는 동료이자, 부모로 성장해 가는 든든한 팀이기 때문이다.

준비가 행복을 만든다

햇볕이 유난히 좋던 주말 아침, 우리는 손을 잡고 공원을 산책하고 있었다. 유모차에 탄 아기가 엄마 아빠를 보며 까르르 웃고 있었고, 그 모습은 한 폭의 그림 같았다.

"자기야, 저거 봐. 뭐가 저렇게 좋을까?"

"우리도 아이가 태어나면 저렇게 산책하겠지?"

"당연하지."

그 웃음소리와 풍경이 주는 행복 뒤에는 다양한 생각이 스쳐 갔다. 임신이 쉽지 않아 힘들어하는 부부, 경력 단절로 눈물 흘리던 친구, 산후 우울증으로 고생한 지인, 아이를 키우는 데 드는 엄청난 비용을 이야기하는 선배들….

그래서 깨달았다. 임신과 출산, 육아는 결코 가볍게 이야기할 주제가 아니라는 것을. 결혼이 하루의 이벤트로 끝나는 것이 아니듯, 임신도 그날의 소식으로 끝나는 일이 아니다. 부모로서의 삶이 이어지는, 인생의 새로운 시작이기 때문이다.

결혼 전 선배가 했던 말이 떠올랐다.
"결혼에 목숨 걸지 마! 하루에 모든 걸 걸면 안 돼. 우리는 그 이후의 인생을 꾸준히 살아야 하잖아."

결혼식, 신혼여행, 스튜디오 촬영처럼 단 한 번뿐이라는 이유로 많은 걸 투자하지만, 사실은 그 이후의 인생이 더 중요하다. 임신과 출산도 마찬가지다. 부모로서의 새로운 시작을 위해서는 대화와 계획이 필요하다.

가족계획을 이야기하면 흔히 재정을 먼저 떠올리지만, 제가 생각하는 첫 번째 조건은 부모가 될 우리의 건강이다. 난임 부부가 늘어나고 임신이 쉽지 않은 요즘, 건강은 가장 기본적인 출발점이다. 그다음은 각자의 직장생활과 커리어다. 출산휴가, 육아휴직, 승진, 급여 등 현실적인 문제도 함께 상의해야 한다.

그리고 마지막으로 중요한 건 심리적 준비다. 임신으로 인한 호르몬 변화는 엄마의 감정을 크게 흔들고, 부부 사이에도 갈등을 불러올 수 있다. 따라서 생활 방식, 피로감, 스트레스 관리, 서로를 돕는 방법까지 함께 고민해

 함께 가서 괜찮은 출산과 육아

야 한다.

환하게 웃으며 유모차를 끄는 미래를 꿈꾸며, 지금 우리는 현실적인 준비를 해야 한다. 모든 준비가 완벽할 수는 없지만, 중요한 건 우리가 '함께'라는 사실이다. 행복은 바로 이 준비 과정 속에서 시작된다.

산전 검사는 하셨나요?

"산모 풍진 항체가 없네요."

임신 사실을 알고 기초 산전 검사를 받았을 때 들은 말이었다.

"네? 풍진이요? 그게 뭐죠? 어렸을 때 예방접종 다 했다고 들었는데… 혹시 안 좋은 건가요? 아기에게 위험한 건가요?"

아는 게 없으니 질문이 쏟아졌다. 걱정과 불안이 몰려왔다. 준비하지 않은 임신이라 마음만 단단히 먹으면 될 줄 알았다. 그러나 건강 검진과 산전 검사가 있다는 사실조차 몰랐다.

풍진이라는 생소한 단어가 주는 두려움은 컸다. 비타민조차 챙겨 먹지 않던 나는 엽산도 남편이 챙겨주어야 겨우 먹었다. 풍진 항체가 없다는 이야기에, 대체 얼마나 위험한 건지 의사의 얼굴만 하염없이 바라볼 수밖에 없었다. 선천성 기형이라는 무시무시한 단어를 듣는 순간, 다른 설명은 귀에 들어오지 않았다.

그제야 깨달았다. 임신을 준비하는 신혼부부 건강검진이 있다는 것을. 항체 여부를 미리 확인하고, 없으면 예방접종을 하고 일정 기간 피임 후 임신을 계획해야 한다는 사실을. 하지만 나는 이미 임신한 상태였다. 하루하루 불안 속에서 12주 1차 기형아 검사를 기다릴 수밖에 없었다. 검사실의 정적은 무섭기만 했고, 정상 범위라는 말을 듣고 나서야 비로소 안심

할 수 있었다.

　이후 깨달았다. 임신은 아기가 생겼다는 사실을 확인하는 순간부터가 아니라, 부부가 대화하며 준비하는 순간부터 시작된다는 것을. 임신을 계획한다면 병원이나 보건소를 찾아 적절한 검사와 상담을 꼭 받아야 한다. 엄마의 기저 질환, 복용 중인 약물, 전반적인 건강 상태를 점검해야 한다. 임신은 여성만의 일이 아니다. 건강한 난자와 정자가 만나야 건강한 아기가 태어난다. 엄마와 아빠 모두의 건강이 출발점이다.

[임신을 준비하는 신혼부부에게 주는 팁]
　각 시·도 보건소에서는 신혼부부와 가임기 여성을 위한 건강검진 프로그램을 운영한다. 예를 들어, 김해시는 혼인신고 2년 이내 신혼부부에게 건강검진과 엽산제를 지원하고, 가임기 여성에게는 풍진 항원·항체 검사를 제

공한다. 엽산은 임신 전부터 임신 12주까지 복용을 권장하며, 보건소에서는 12주 미만 임산부에게 최대 3개월분을 지원한다.

이 외에도 기본적인 산전 검사를 무료 또는 저렴하게 지원하는 사업이 있다. 준비 서류와 금식 시간 등을 미리 확인해 보건소와 병원을 적절히 이용하면 큰 도움이 된다.

트렌드를 놓치지 않는 임밍아웃 이벤트

‘임밍아웃’은 임신 사실을 소중한 사람들에게 처음 알리는 것을 뜻하는 신조어다. 임신과 커밍아웃을 합친 말로, 요즘 부부들이 즐겨 쓰는 표현이다. 안정기에 접어든 뒤, 가족이나 지인들에게 특별한 방법으로 임신 소식을 전하는 이벤트를 준비하기도 한다.

임신 테스트기의 희미한 두 줄을 확인하던 그 순간의 떨림은 해본 사람만 알 것이다. 불량은 아닐까 하는 마음에 여러 번 다시 확인하고서야 비로소 사실을 받아들이게 된다. 그러나 곧바로 알리기보다는 조심스럽다. 그래서 임밍아웃 이벤트는 소중한 임신 순간을 부부만의 방식으로 특별하게 나누는 축제가 된다.

SNS에 '임밍아웃 이벤트'를 검색하면 많은 부부들의 웃음과 눈물이 담긴 순간들을 볼 수 있다. 남편에게, 부모님께, 친구들에게 알리는 방식은 다르지만 공통된 마음은 같다. 함께 기쁨을 나누고, 앞으로 이어질 임신·출신·육아 과정에서 서로를 도우며 살아가지는 의미다.

임신은 여자 혼자 겪어내는 과정이 아니다. 가족과 친구, 공동체가 함께 나누는 인생의 가장 큰 축제중 하나임을 잊지 말자.

임신, 그리고 내 안의 본능과 마주하기

1. 냉장고 문 열었어?
　/ 세상 모든 냄새를 맡을 수 있다

임신 초기에 가장 힘든 점 중 하나는 바로 '냄새'였다. 향기가 아니라 냄새였다. 마치 세상 모든 냄새를 맡아버리는 후각 초능력자가 된 듯한 기분이었다.

　"선생님, 밥은 먹고 싶은데 밥솥에서 밥 되는 냄새가 너무 강해서 못 먹겠어요."

"전 원래 김치를 정말 좋아했는데, 임신하니 김치 냄새가 미칠 것 같았어요."

나 역시 예외가 아니었다. 임신 초기의 어느 날, 남편이 베란다 냉장고 문을 열자 방에서 자던 내가 소리쳤다.
"남편, 냉장고 문 열었어?"
그 순간 남편은 깜짝 놀랐다. 방 안에서조차 냄새를 맡아버린 것이다. 평소엔 잘 느끼지 못하던 커피 향, 김치찌개 냄새, 향수, 흙냄새까지 모두 선명하게 다가왔다.

이럴 때 필요한 건 남편의 사소하지만 큰 도움이었다. 밥은 예약 조리로 미리 해두고, 냉장고 문은 자주 열지 않도록 했다. 반대로 좋아하는 냄새와 음식을 곁에 두면 훨씬 편안해졌다. 엄마의 기분이 좋아지면 신기하게도 후각도 한결 나아졌다.

2. 왜 이렇게 자는 거야?
/ 회사에서 마우스를 잡다 잠들었다

임신과 함께 찾아온 또 다른 변화는 극심한 졸음이었다. 회사에서 일을 하다 갑자기 모든 소리가 사라지고, 동료들이 걱정스럽게 나를 흔들어 깨우던 순간도 있었다.

임신 초기에는 호르몬 수치가 급격히 변하면서 피로감이 높아진다. 태아가 자궁에서 자리를 잡는 과정에서 엄청난 에너지가 쓰이기 때문이다.

남편은 내게 말했다.

"좋아, 그럼 주말엔 우리 셋이 낮잠을 자는 거야."

그 말이 얼마나 고맙던지, 우리는 함께 낮잠을 자며 행복한 시간을 만들었다. 임신 중의 졸음은 단순한 게으름이 아니라 아기와 교감하는 시간이었다.

3. 예쁜 것만 봐야지

 / 그런데 범죄·스릴러 영화가 보고 싶다

임신하면 예쁜 것만 보고 좋은 것만 먹으라고들 한다. 하지만 나를 비롯해 많은 엄마들이 오히려 스릴러나 범죄 드라마를 보고 싶어 했다.

전통적인 태교는 '태아'를 중심으로 했지만, 오늘날 태교는 '엄마'를 중심에 둔다. 엄마가 행복해야 아기도 행복하기 때문이다. 중요한 건 자극적인 콘텐츠 그 자체가 아니라, 엄마가 스트레스받지 않는 것이다.

태교란 억지로 예쁜 것만 보는 게 아니라, 엄마의 삶을 지켜내는 일상에서 행복을 찾는 것이다.

4. 참크래커는 되는데, 아이비는 왜 안 돼?

입덧은 사람마다 다르다. 나는 토덧을 심하게 했다. 그러던 중, 갑자기 참크래커가 먹고 싶어 남편에게 부탁했다. 그런데 남편은 대신 '아이비'를 사 왔다.

연애 시절 즐겨 먹던 과자였지만, 임신 중의 나는 냄새조차 견딜 수 없었다. 결국 화장실로 달려가 토해버렸다. 반면, 참크래커를 입에 넣자마자 얼굴에 웃음이 번졌다.

입덧은 이처럼 비슷한 음식도 삼킬 수 있냐 없느냐가 갈린다. 중요한 건, 남편이 아내의 말에 귀 기울이며 작은 바람이라도 들어주려는 노력이다. 그 마음이 곧 최고의 입덧 치료제다.

5. 울다가 웃다가 / 나 왜 이래?

임신 전의 나는 흔들림 없는 'T형 인간'이었다. 그런데 임신 후엔 사소한 말에도 울고 웃는 감정의 롤러코스터를 탔다.

남편이 아이스크림을 사러 잠시 손을 놓는 순간, 나는 미아가 된 것처럼 불안해졌다. 하지만 다시 손을 잡아주자 금세 안정됐다.

호르몬 변화로 인한 감정 기복은 자연스러운 현상이다. 중요한 건, 남편이 함께 웃고 울며 자동 탑승객으로 동행해 준나는 사실이다. 그 동행이야말로 임신 기간을 버텨내는 가장 큰 힘이다.

출산의 선택, 함께 세우는 우리 계획

임신 40주의 시간은 한없이 길게만 느껴지지만, 부부가 팀워크를 맞추기에는 생각보다 짧은 기간이다. 시시각각 변하는 아내의 몸과 마음에 맞춰, 남편의 태도와 역할도 함께 달라져야 한다. 임신은 단순히 아기를 품는 일이 아니라, '우리'가 부모로 변화하는 과정이기 때문이다.

많은 엄마들과 대화를 나눠 보면, 예비 아빠에게 원하는 건 거창하지 않다. 오히려 아

주 단순하고 사소한 것들이었다. 정리하면 이
렇다.

1. 산부인과에서 아내와 함께 질문하고 답을
   기억하기
2. 가벼운 산책과 스트레칭을 꾸준히
   함께하기
3. 튼살 크림을 임신 때부터 출산 후까지
   꾸준히 발라주기
4. 출산 준비물을 함께 고민하고 고르기
5. 출산 가방을 함께 싸서 필요한 순간 바로
   꺼내주기
6. 출산 이후 신청해야 할 것들을 기억하기
7. 진통 때 도움이 되는 호흡·마사지법을 함께
   연습하기
8. 출산 중 기록하고 싶은 장면을 미리
   상의하기
9. 출산 후 아내에게 가장 먼저 눈 맞춤과
   따뜻한 표현하기

10. 산후조리에서 가장 필요한 건 남편의 꾸준한 관심

이 열 가지 중 몇 가지만 해도 아내는 두고 두고 남편을 자랑한다. 반대로 못해 준 일은 오래 이야기된다. 그래서 임신·출산 과정은 작은 차이가 큰 기억으로 남는 시간이다.

예비 아빠들이 해낸 작은 순간들은 아내의 기억 속에 오래 남는다.

- 임산부 체험복을 입고 불편함을 깨달은 남편 이야기
- 진통 중 호흡법을 기억해내 아내를 도운 이야기
- 출산 당일 필요한 물건을 척척 꺼내 준 남편 이야기
- 매일 튼살 크림을 발라줘서 결국 튼살이 생기지 않은 이야기

 함께라서 괜찮은 출산과 육아

• 아기보다 먼저 아내에게 달려와 "사랑해,
  수고했어"라고 말해 준 이야기

　이처럼 임신과 출산은 부부가 함께 성장하는 과정이다. 서툴고 어설퍼도 괜찮다. 함께하는 시간 속에서 동료애와 신뢰가 쌓인다. 부모가 된다는 건, 바로 그 과정을 걷는 것이다.

제2부

Half Time? No! Real Time

4센티미터 맞아요? 무통 달라고요

산전 관리를 꾸준히 받던 엄마가 출산 후 산후 관리를 받으러 오셨다. 산후 관리 첫날은 언제나 출산 이야기로 가득하다. 아무리 비슷한 과정이라도, 내가 직접 겪은 출산은 특별하기 때문이다.

"선생님, 정말 아파 죽겠는데 무통을 안 주는 거예요. 3센티미터래요! 4센티미터가 되어야 맞을 수 있더라고요. 전 몰랐어요. 너무 아

픈데 아직 아니라 하니 화가 치밀었어요. 남편
한테는 간호사 불러 오라고 소리치고, 그땐 제
가 제가 아니었어요."

"아, 알죠. 저도 그랬거든요. 아파 죽겠는데
아직 아니라는 말을 들었을 때 남편에게 따졌
던 기억이 나네요."

그날의 기억은 내게도 선명하다. 이슬은 아
니었는데 자꾸 뭔가가 새어 나오는 것 같아 병
원에 갔다. 양수가 조금씩 새고 있다고 했고,
바로 항생제를 달며 유도를 시작해야 한다는
말을 들었나. 그러나 진행은 너넜고, 나음 날
다시 시작하기로 했다.

아침부터 시작된 유도는 잘 풀리지 않았다.
자연분만을 원했기에 의료진에게도 미리 부
탁했지만, "마사지"라는 이름으로 이어지는
무한 내진은 너무나 고통스러웠다. 15분마다

이어지는 내진에 몸과 마음은 지쳐갔지만, 무통은 허락되지 않았다.

"무통 달라고 해, 지금 당장! 못 참겠어."
남편이 부탁했지만 돌아온 대답은 "아직 4센티미터가 아니에요."였다. 그 말이 믿기지 않았다. 분명 죽을 듯이 아픈데도 말이다.

통증이 4분 간격으로 몰려왔고, 드디어 4센티미터가 열리자 무통 주사를 맞을 수 있었다. 배가 불러 다리를 구부리기도 힘들었지만, 무통이 들어가자 서서히 잠이 들었다. 잠시 눈을 떴을 때, 옆 소파에서 졸고 있는 남편이 보였다. 어제저녁부터 밥도 못 먹고 안절부절하던 그의 모습이 애처로웠다.

"밥 좀 먹고 와. 나 이제 괜찮아."
"아니야, 괜찮아. 아기 만나고 갈게."

 함께가서 괜찮은 **출산과 육아**

잠시의 평화 뒤에 다시 진통이 시작됐다. 결국 아기 상태를 확인한 뒤, 응급 제왕절개로 출산을 마쳤다. 그날을 떠올리며 남편과 종종 이야기한다.

"그때 밥 먹으러 갔으면, 진짜 머리카락 다 잡아당겼을지도 몰라. 이유 없이 당신이 미웠거든."

"그럴 줄 알고 안 갔지. 선배들이 절대 밥 먹으러 가면 안 된다고 신신당부하더라고. 진통 중 아내 말은 믿지 말래."

같은 이야기를 나눈 다른 엄마도 고개를 끄덕이며 말했다.

"저도 그랬어요. 무통 맞고 잠들었다가, 남편이 너무 짠해 보여서 밥 먹으라 했거든요. 근데 천천히 먹고 오길래 화가 치밀었죠. 아직도 그날 이야기를 계속해요."

출산은 누구에게나 힘든 과정이다. 그러나

그 속에서 부부가 어떻게 함께했는지에 따라
기억은 달라진다.

1. 절대 아내 곁을 떠나지 말 것

- 아내가 아무것도 못 먹고 있다면 함께 해 주는 것이
  좋다.
- 몰래 에너지 음료를 준비해 두자. 아빠도 체력이
  필요하다.

2. 아내의 손을 꼭 잡고 마사지해 줄 것

- 손을 잡아주는 것만으로도 큰 힘이 된다.
- 척추를 쓸어주거나 골반을 눌러주는 것도
  진통 완화에 도움이 된다.

3. 감정의 중심을 잡을 것

- 진통 중 아내가 화를 내도 받아주자.
- 그만큼 남편을 믿고 의지하는 것이다.

4. 무통 후 아내가 잠들면 잠시 쉬어 줄 것

- 출산은 아직 길다.
- 단, 아내가 깨어나면 바로 일어나야 한다.

진통은 아내 혼자 겪는 일이 아니다. 남편이
함께하는 순간, 출산은 고통을 넘어 동료애와
사랑으로 채워진다.

출산 준비 과정은 네버엔딩인가?

남자들은 군대 이야기를 밤새 할 수 있다고 한다. 반대로 여자들은 출산 이야기를 밤새 나눌 수 있다. 저마다의 준비 과정과 방법, 출산의 순간이 모두 다르기 때문에 이야기는 끝이 없다.

“제모가 싫어서 임산부 왁싱을 하고 갔는데, 해야 할 게 한둘이 아니더라고요.”
“관장을 그렇게 오래 참아야 하는 줄 몰랐

어요. 2분 만에 화장실로 뛰어가던 제 모습에
어이가 없었어요."

"저는 꼭 10분은 참아야 한다고 해서 배가
꼬이는데도 억지로 참았어요."

"자연분만 준비라고 제모했는데, 응급 제왕
절개로 바뀌면서 다시 제모했어요. 그냥 다 하
는 게 낫지 않을까요?"

"내진은 왜 그렇게 자주 하나요?"

"태동기 달고 움직일 수 없으니 그것도 고역
이었어요."

"무통도, 진통제도 안 듣는 바람에 너무 힘
들었어요."

이런 이야기들은 출산이 얼마나 다양한 경
험인지 잘 보여 준다. 그러나 대부분의 산모가
공통적으로 겪는 준비 과정이 있다.

1. **내진 - 자궁경부 개대 정도를 확인해 출산
진행 상황을 본다.**

2. **관장** – 분만을 원활히 하기 위해 시행된다. 진통 중 힘을 줄 때 변을 보는 것 같은 느낌을 주기에 미리 대비하는 것이다.

3. **제모** – 아기의 감염 위험을 낮추고 위생을 지키기 위해 필요하다.

이 세 가지가 흔히 '3대 굴욕'이라 불린다. 여성으로서 수치스럽게 느껴지기도 하지만, 출산 과정에서 꼭 필요한 절차이다.

이후에는 더 다양한 준비가 이어진다.

4. 진통 주기 확인
5. 태아 모니터링
6. 걷기·계단 오르기·짐볼 타기 등 움직임
7. 촉진제 사용 혹은 무통 주사
8. 상황에 따라 제왕절개 전환
    - 재제모
    - 수술 설명 및 동의서 작성

- 마취 방법 선택

9. 수술실 입실

10. 출산

출산 직후에도 아빠의 역할은 크다. 아기의 상태를 확인하고, 아기에게 목소리를 들려주고, 무엇보다 먼저 산모에게 다가가 사랑과 감사를 표현하는 일은 아무리 강조해도 지나치지 않다.

남편의 말 한마디, 손길 하나가 아내에게는 그 어떤 고통보다 강력한 위로와 힘이 된다.

출산은 부부와 아이가 맺는 첫 단추이다
자연분만 vs 제왕절개 vs 자연주의 출산

출산은 단순히 아기가 태어나는 순간만을 말하지 않는다. 임신을 준비하고, 아기를 맞이하기까지 모든 시간이 출산의 과정이다. 그래서 출산 방법은 매우 다양하고, 부부가 함께 고민하고 선택해야 한다.

출산은 엄마의 몸에서 이루어지지만 준비와 결정은 부부가 함께하는 일이다. 모든 여성이 자연분만을 할 수 있는 것은 아니며, 상황에 따라 제왕절개가 필요할 수도 있고, 의료 개입을 최소화한 자연주의 출산을 선택할 수도 있다. 중요한 것은 부부가 함께 충분히 이야기하고 준비하는 것이다.

1. 자연분만

진통과 출산의 고통을 온전히 견뎌야 하지만 회복이 가장 빠르다. 출산 직후 아기를 곧바로 안아볼 수 있는 기쁨이 있다. 다만 회음부 열상이 심하면 회복이 오래 걸릴 수 있다. 보통 2박 3일 입원하며, 병실·영양제·회음부 치료 주사 등에 따라 비용이 달라진다.

2. 제왕절개

고위험 임신이거나 엄마와 아기의 건강을 위해 수술이 필요할 때 선택된다. 수술 후 회복이 길고 통증이 크며 감염이나 합병증의 위험이 있다. 첫째를 제왕절개로 출산하면 둘째도 제왕절개로 이어질 가능성이 높다(단, 브이백—제왕절개 후 자연분만—이 가능한 경우도 있다). 평균 5박 6일 입원이 필요하며, 페인 부스터, 유착 방지제, 흉터 연고 등 추가 비용이 발생한다.

3. 자연주의 출산

엄마가 가장 편안함을 느끼는 환경에서 의료 개입을 최소화하고 출산하는 방법이다. 움직임이 자유롭고 남편이나 가족이 함께 참여할 수 있어 심리적 안정감이 높다. 다만 응급 상황에 대비해 어떤 병원과 연결되는지 반드시 확인해야 한다. 조산원에서 출산하면 4시간 회복 후 바로 귀가할 수 있는 경우도 있으며, 일부 병원에서는 교육만 이수하면 별도 비용 없이 가능하다.

이외에도 다양한 출산 방법이 있지만, 무엇보다 중요한 것은 상황에 맞게 준비하고 유연하게 대처하는 것이다. 원하는 출산 방법이 있어도 현실적 여건에 따라 바뀔 수 있다. 나 역시 첫째는 자연분만을 원했지만 응급 제왕절개로, 둘째도 결국 제왕절개로 출산했다.

출산 방법을 선택할 때는 병원에서 제공하는 출산 교실, 온라인 강의 등을 활용하고, 정기검진 때 부부가 함께 의사에게 궁금한 점을 충분히 묻는 것이 좋다. 의료진이 권유하는 방법에 대비해 대안을 미리 논의해 두는 것도 필요하다.

엄마들의 출산 이야기는 각양각색이다. 자연주의 출산을 고집하다 결국 제왕절개를 한 경우, 제왕절개 날짜를 잡아두었지만 진통이 와서 자연분만으로 이어진 경우, 2박 3일간 진통만 하다가 제왕절개로 전환한 경우…. 하지만 모두가 한목소리로 말한다.

"출산은 내 마음대로 되는 게 하나도 없었어요."

출산은 아기 탄생 그 이상의 의미다. 남녀가 만나 가정을 이루고, 부모로 성장해 가는 과정이다. 서로의 낯선 모습에 놀라지 말고, 부부가 함께 배우고 준비한다면 출산은 가족을 더욱 단단하게 묶어주는 소중한 시간이 된다.

 함께라서 괜찮은 출산과 육아

출산은 오케스트라처럼

산후 케어를 시작하기 전, 나는 늘 먼저 묻는다. "출산은 어떠셨어요? 힘들거나 기억에 남는 부분이 있으셨나요?"

그날도 같은 질문을 드렸다. 그런데 돌아온 대답은 뜻밖이었다.
"전 출산이 너무 행복했고 좋았어요."

순간 놀랐다. 1년에 한두 번 들을까 말까 한

대답이었기 때문이다. 그래서 다시 여쭈었다.

"어떤 부분이 그렇게 행복하고 좋은 기억이었을까요?"

엄마는 차분했지만 눈빛은 반짝이며 자신의 이야기를 들려주었다.

"저는 원래 겁이 많고 걱정도 많은 사람이에요. 그래서 임신 기간 동안 남편과 정말 많은 대화를 나눴어요. 출산이 가까워질수록 온라인 출산 교실도 함께 듣고, 담당 선생님과도 꾸준히 상의했죠. 남편이 어떤 역할을 할 수 있는지, 어떤 상황이 올지, 호흡법과 터치법까지 미리 연습했어요. 막상 진통이 시작되니 아무 생각이 안 났지만, 그래도 준비해 두니 정말 큰 도움이 되더라고요."

그녀가 말한 '행복했던 순간'은 의료진과 남편, 그리고 자신이 하나의 팀처럼 호흡하던 시간이었음을 알 수 있었다.

“담당 선생님이 모든 상황을 친절하게 설명해 주시고, 간호사 선생님은 따뜻한 눈빛으로 늘 곁을 지켜 주셨어요. 무엇보다 남편이 옆에서 호흡을 맞추며 등을 쓸어주고, 진통이 올 때마다 함께해 준 게 너무 큰 위로였어요. 저는 기억도 잘 안 나는데, 남편은 제가 호흡할 때마다 리듬을 맞춰주었다고 하더라고요.”

엄마는 출산의 순간을 이렇게 표현했다.
“진통이 잠시 멈추었을 때 정신을 차려보니, 마치 오케스트라 연주 같았어요. 선생님은 지휘자처럼 이끌어주시고, 간호사와 남편은 각자의 자리에서 역할을 해주고, 저는 그 안에서 중심을 잡고 있었죠. 이 환상적인 팀워크 덕분에 모든 걸 해낼 수 있을 것 같았고, 우리 아기가 사랑 가득한 순간에 태어나고 있구나 하는 생각에 눈물이 날 정도였어요.”

그 이야기를 들으며 내 마음도 벅차올랐다.

수많은 출산 이야기를 들어왔지만, 이렇게 "행복했다"고 고백하는 이야기는 흔치 않기 때문이다. 그러나 그 고백은 분명 중요한 메시지를 담고 있었다.

출산 경험의 질은, 출산 전 부부가 얼마나 충분히 이야기하고 준비했는지에 달려 있다는 것이다. 긍정적인 출산 경험은 단순히 아기를 맞이하는 기쁨을 넘어, 부부 사이의 신뢰와 유대감을 깊게 한다. 그리고 그 유대감은 육아 과정 전반을 지탱하는 큰 힘이 된다.

그래서 나는 예비 부모들에게 늘 이렇게 말한다.

"걱정하지 않으셔도 됩니다. 당신에게는 함께 준비할 남편이 있고, 도와줄 의료진이 있으며, 무엇보다 이 시간을 지켜줄 사랑이 있습니다. 그러니 우리도 충분히 멋진 오케스트라를 만들어낼 수 있어요."

제3부

후반전

1. 모유수유가 이렇게 힘든 거라고?

나는 자연분만 후 모유 수유를 당연히 할 수 있으리라 생각했다. 그러나 첫째는 이른둥이로 태어나 자가 호흡이 되지 않아 신생아 중환자실에 있었고, 나는 제왕절개 수술을 받아 몸은 회복되지 않은 상태였다. 언제 젖이 돌지 몰라 초조했고, 양이 적다는 말에 울며 밤을 지새웠다. 유축기를 붙잡고 3시간마다 젖을 짜내느라 잠도 제대로 자지 못했다. 정작 아기가 퇴원하고 돌아왔을 때는 젖 물리기가 쉽지 않아 또다시 눈물을 흘릴 수밖에 없었다.

그런데 이런 고충은 나만의 이야기가 아니었다. 만난 엄마들 대부분이 비슷한 과정을 겪었다. 첫째, 젖몸살로 인한 고통, 둘째, 수유 자세가 맞지 않아 유두의 통증, 셋째, 젖양 부족에 대한 불안, 넷째, 모든 부담이 엄마에게만 집중된다는 억울함.

왜 이런 상황이 반복될까? 출산 전 모유 수유에 대해 제대로 배우지 못했기 때문이다. 병원과 조리원에서 교육이 있지만, 개별 맞춤이 아니고 몸은 지쳐 있으니 제대로 익히기 어렵다. 그래서 퇴소 후 첫날이 가장 두려운 순간이 된다.

출산 후 2~3주는 엄마에게 특히 힘든 시기다. 젖은 잘 돌지 않고, 아기는 조리원에서 젖병에 익숙해져 있다. 모유 수유를 시도해도 아기가 힘들어하고, 엄마는 자신감을 잃는다. 이때 아기의 울음은 엄마를 더욱 자책하게 만든다. 그러나 중요한 건, 엄마 가슴에는 눈금이 없다는 사실이다. 아기가 얼마만큼 먹었는지 눈에 보이지 않기 때문에 불안할 뿐, 실제로는 충분할 수도 있다.

엄마들은 늘 이렇게 말한다.
"모유가 부족한 건 아닐까요?"
하지만 사실 대부분은 부족하지 않다. 아기가 젖을 빠는 과정에서 평온함을 얻고, 따뜻한 체온 속에서 안정감을 느끼며 자라는 것이다. 중요한 건 완벽한 양이 아니라 엄마와 아기의 관계와 시간이다.

그래서 나는 말한다.
"모유 수유는 엄마 혼자 하는 게 아닙니다. 아빠도 함께해야 합니다."

 함께가서 괜찮은 출산과 육아

엄마가 편안한 자세를 취할 수 있도록 쿠션을 받쳐 주고, 물을 챙겨주고, 수유가 끝난 뒤 아기를 안아 트림을 시켜주는 것. 이 단순한 협력이 모유 수유의 성패를 좌우한다.

2. 내 자식 vs 내 자식

초보 엄마일 때는 모든 문제를 스스로 해결해야 한다고 생각하기 쉽다. 가정방문을 하며 만난 많은 엄마들도 "혼자서 다 해야 한다"는 생각 때문에 힘들어하고 있었다.

어느 날, 모유 수유가 잘되지 않아 답답하다며 도움을 요청한 산모의 집을 방문했다. 문이 열리자 거실에는 묘한 냉기가 돌았다. 친정어머니는 갓난아기를 안고 있었고, 산모는 반갑

게 인사했지만 얼굴에는 어두운 기운이 감돌
았다.

내가 질문을 건네자 산모는 쏟아내듯 말했
다.
"조리원에서는 잘 먹고 잘 잔다고 했는데, 집
에 오니 계속 깨고 울어요. 제가 뭘 잘못하는
걸까요? 더 안아줘야 할까요? 방법 좀 알려주
세요."

그러자 옆에 있던 친정어머니가 단호하게 말
했다.
"얘는 먹지도 자지도 않아요. 밤낮으로 핸드
폰만 붙잡고 있어요. 나는 모유 수유도 반대
예요. 선생님, 그냥 그만하라고 해 주세요."

순식간에 언성이 높아졌다. 산모는 서럽게
울기 시작했고, 어머니는 속상함을 쏟아냈다.
"네 새끼 먹이느라 내 새끼 말라 죽겠다! 네

가 잘 먹고 자야 아기도 있는 거지.”

그 순간 나는 중요한 사실을 다시금 깨달았다. 엄마가 된 딸도 누군가의 자식이라는 것. 아기의 엄마는 아이만 생각하다 자기 몸을 잊어버리고, 친정어머니는 자기 딸의 건강이 걱정돼 잔소리를 하게 되는 것이다.

눈물이 멈추자 산모는 조용히 말했다.
“선생님, 제가 어떻게 하면 아이와 함께 잘 먹고 잘 자고 잘 지낼 수 있을까요?”

그제야, 아기만이 아니라 자신도 돌보아야 한다는 깨달음이 찾아온 것이다. 나는 말했다.
“우리는 육아라는 마라톤을 시작했으니, 어제보다 오늘이 조금 편안해지는 것만으로도 충분해요. 그 작은 걸음들이 모여 기적이 됩니다.”

　내 자식은 소중하지만, 나 또한 누군가의 소
중한 자식임을 잊지 말아야 한다. 엄마가 된
다는 것은 희생이 아니라, 아기와 함께 새로운
행복을 찾아가는 길이기 때문이다.

3. 함께일 때 달라지는 놀라운 현실

"아이는 온 마을이 키운다"라는 아프리카 속담을 들어본 적이 있는가. 나는 이 말을 초보 엄마들에게 꼭 들려주고 싶다. 육아는 혼자가 아니라, 함께할 때 훨씬 더 행복하고 수월해지기 때문이다.

가정방문을 다니다 보면, 모든 걸 혼자 감당하려는 엄마들을 자주 만난다. 늘 지치고 힘들어 보이지만, 그 곁에는 도와주고 싶어 하는 초보 아빠들이 있다. 놀라운 것은 대부분의 아빠들이 "돕고 싶다"는 마음은 크지만 방법을 몰라 주저하고 있다는 점이다.

어느 집을 방문했을 때도 그랬다. 엄마는 "모유도, 분유도 잘 안 되고 아기가 울기만 한다"며 이미 많이 지쳐 있었다. 그때 남편이 나에게 조심스럽게 물었다.
"제가 뭘 해 줄 수 있을까요? 아내가 너무 힘들어 보이는데 아기가 저한테 오면 더 울어요."

아기가 다시 울음을 터뜨리자, 내가 잠시 안아 달래 주었더니 금세 잠들었다. 놀란 그들은 말했다.
"정말 이렇게 쉽게 다시 잠들다니요? 저흰 상상도 못했어요."

나는 아빠에게 직접 안아보라고 권했다. 처

음에는 온몸이 굳어 있었지만, 몇 번 연습하
자 곧 편안하게 아기를 품을 수 있게 되었다.

　"머리를 잘 받쳐주는 게 중요하네요. 아기 호
흡에 맞추니 훨씬 편안해 보여요."

　아빠의 표정에는 자신감이 올라오고 있었
고, 엄마는 안도하며 미소를 지었다.

　나는 덧붙여 설명했다.

"모유 수유는 엄마 혼자 하는 게 아닙니다. 수
유 자세를 편안하게 잡을 수 있도록 아빠가 옆
에서 도와주세요. 쿠션을 받쳐주거나 물을 챙
겨주는 작은 행동만으로도 엄마는 큰 힘을 얻
습니다."

　그날 이후 아빠는 수유 시간마다 아내 곁을
지켰고, 수유가 끝나면 트림까지 맡아 했다.
그 변화에 엄마는 환하게 웃었다.

　육아는 단순히 일을 분담하는 것이 아니다.

서로의 마음을 나누는 일이다. 아빠가 적극적
으로 참여할 때 엄마의 부담은 줄고, 아기의
안정감은 커진다. 함께하는 육아는 두 사람의
행복을 배로 늘려주는 놀라운 힘이 있다.

4. 잠 고문은 정말 힘들어

출산 후 누구나 겪는 가장 큰 고통 중 하나는 '잠'이다. 흔히 '잠 고문'이라 표현하는데, 겪어 본 사람만 안다. 내가 자고 싶을 때 잘 수 없고, 겨우 잠들었다가도 아기 울음에 금세 깨야 하니 몸과 마음이 탈진한다.

임신 중에도 태동이나 잦은 소변 때문에 선잠을 자곤 했다. 그래서 출산 후엔 마음껏 자리라 다짐했지만, 현실은 달랐다. 모유 수유는 2~3시간마다 반복되고, 수유 후엔 트림을 시키고 기저귀를 갈아야 했다. 잠들기까지 돌보다 보면 금세 다음 수유 시간이 되어 있었다.

산후 조리에서 가장 중요한 것은 바로 수면이다. 수면이 부족하면 회복이 늦고 정서적 건강도 흔들린다. 그래서 내가 강조하는 것이 있다. 바로 "3시간의 마법"이다. 통잠 8시간은 어려워도, 단 3시간만 깊게 자도 몸과 마음은 회복된다.

남편이나 가족에게 아기를 맡기고 방을 옮겨 3시간이라도 푹 자 보라고 권한다. 대부분의 엄마들이 "머리가 맑아지고 다시 살아나는 기분"이라고 말한다. 산후 관리에서 잠은 단순한 휴식이 아니라 치료제다. 가족이 도와야 하는 가장 중요한 영역이 바로 엄미의 수면이다.

5. 육아 동지와 칭찬, 엄마에게 주는 최고의 힘

　엄마들과 이야기를 나누다 보면, 시기마다 겪는 어려움이 놀랍도록 비슷하다는 것을 느낀다. 그래서 '나만 힘든 게 아니구나' 하는 공감만으로도 큰 위로가 된다. 마치 전우애처럼 말이다.

　새벽 3시, 가장 두려운 순간이 찾아왔다. 기저귀를 갈고, 수유하고, 트림까지 시켰는데 아

기의 눈망울이 여전히 말똥말똥한 순간이었
다. 아기를 빨리 재우고 싶었지만 쉽지 않았
다. 그때 휴대폰이 반짝이며 조리원 단톡방 알
림이 울렸다.

"우리 애는 왜 안 잘까요? 난 너무 졸린데."
곧이어 답글이 이어졌다.
"우리 집도 추가요."
"우리 집도요."

그 순간 깨달았다. 이 새벽에 깨어 있는 사
람이 나만이 아니구나. 그 사실 하나만으로도
외로운 육아가 덜 외롭게 느껴졌다. 이어서 한
동기가 톡을 올렸다.
"지금 기저귀 핫딜 떴어요. 여기요, 얼른 달
리세요."
순식간에 50% 할인 정보를 나누며 단톡방
은 다시 활기가 돌았다. 아기를 돌보느라 외출
도 쉽지 않은 초보 엄마들에게, 새벽의 짧은
대화는 든든한 동지가 생긴 듯한 기쁨이 되었

다.

이야기를 나누던 고객님도 고개를 끄덕이며 말했다. "맞아요. 새벽에 나만 깨어 있는 게 아니라는 사실이 너무 큰 위로가 돼요. 그래서 조리원 동기가 필요하다는 걸 느껴요."

그날 저녁, 아이들 기침 소리에 잠을 설치다 인스타그램을 열었더니, 얼마 전 출산한 개그우먼 이은형 씨 부부의 피드가 보였다.

"지금은 새벽. 이 시간에 육아하는 분들이 이 피드를 보신다면 아자! 내 꿈은 슈퍼스타도 국민 MC도 아니고, 깡총이 통잠."

그 글을 보며 웃음이 터졌다. 그리고 댓글을 달고 싶어졌다.

"내 꿈도 통잠! 아이들이 다 컸는데도 왜 통잠을 못 잘까요?"

그렇다. 신생아 시기를 수월하게 지나가는 부모는 없다. 그래서 모든 부모에게는 칭찬과 위로가 필요하다. 나만 힘든 것이 아니라, 모두가 같은 길을 걷고 있다는 사실이 엄마 아빠의 마음을 지탱해 준다.

나는 엄마들에게 늘 이렇게 말한다.
"오늘 하루도 아이가 건강히 잘 지내줘서 고마워요. 내일은 더 많이 사랑한다고 말해 주세요. 엄마도, 아이도 정말 멋져요."

출산 후 엄마는 늘 불안하고 외롭다. 그렇기에 칭찬은 아기뿐 아니라 엄마 자신에게도 꼭 필요한 응원이다. 아이에게 사랑을 말하고 칭찬하는 순간, 그 말은 곧 나 자신에게도 전해진다.
나는 현장에서 수많은 엄마들을 만나며 늘 강조한다. "오늘 정말 잘하셨어요. 당신은 좋은 엄마세요." 이 짧은 한마디가 지쳐 있는 엄마에게는 숨통을 틔워주는 가장 강력한 힘이 된다.

산후 관리, 몸과 마음을 되찾는 시간

출산 후 엄마들이 가장 먼저 나에게 묻는 말은 이렇다. "선생님, 산후 관리 받으면 살 빠져요? 정말 빠질 수 있나요?"

그러나 나는 늘 분명하게 말씀드린다. 산후 관리는 체중 감량이 목표가 아니다. 몸과 마음의 균형을 회복하는 것이 목적이다. 임신과 출산은 엄청난 변화의 과정이기에, 산후 관리의 초점은 단순히 살을 빼는 것이 아니라, 무너진 신체의 균형을 회복하고 정서적 안정을 찾도록 돕는 데 있다.

 함께라서 괜찮은 출산과 육아

1. 신체적 회복

임신 10개월 동안 커졌던 골반과 횡격막, 변형된 근육과 인대는 출산 직후 불균형을 일으킨다. 허리, 골반, 어깨, 목 등 여기저기서 통증을 호소하는 것은 너무나 자연스러운 일이다.

나는 산후 관리를 통해 뭉친 근육을 부드럽게 이완시키고 균형을 되찾도록 돕는다. 그러면 불편함이 눈에 띄게 줄어드는 것을 엄마들이 직접 경험한다.

엄마들은 이렇게 말하곤 한다.

"관리받기 전에는 목을 돌리기도 힘들었는데, 지금은 어깨가 가벼워져서 살 것 같아요."

몸이 편안해지는 순간, 회복이 시작된다.

| 부기 완화

출산 4~7일쯤 되면 많은 엄마가 다리·손·발이 붓는 불편함을 호소한다.

"코끼리 다리가 됐어요."

"신발이 안 들어가요."

이런 부기는 혈액순환이 원활하지 않아 생기는 현상이다. 임신 중부터 순환이 좋지 않았거나, 수액을 많이 맞은 경우라면 더 심해질 수 있다. 관리로 순환을 촉진하고 노폐물을 배출하면, 몸이 한결 가벼워지고 붓기도 완화된다.

한 엄마는 이렇게 말했다.

"관리실에 올 때는 신발이 꽉 끼었는데, 관

리받고 나니 헐렁해졌어요. 너무 신기해요."

| 자궁 수축 촉진

임신 동안 커진 자궁은 출산 후에도 곧바로 원래 상태로 돌아가지 않는다. 그래서 엄마들은 이렇게 말한다.

"배가 바람 빠진 풍선 같아요."

"아직도 내 배가 아닌 것 같아요."

자궁 수축이 원활하지 않으면 회복이 더디고, 오로가 배출되지 않아 통증과 위험이 생긴다. 산후 관리는 자궁 주변 순환을 돕고, 자궁이 제자리를 찾아가도록 돕는다. 산부인과 검진에서 "아직 피고임이 있다"는 이야기를 듣고 나를 찾아오는 엄마들이 늘고 있는 것도 바로 이 때문이다.

2. 정신적 안정

| 감정의 안정

산후 관리는 출산 후 산모의 정신적 안정을 위해 반드시 필요하다. 임신을 유지하던 호르몬은 급격히 낮아지고, 모유를 생성하는 호르몬은 단숨에 치솟는다. 이렇게 짧은 시간 안에 많은 변화가 몰려오면 감정 기복이 심해지는 것은 너무나 당연하다. 게다가 출산 후 처음 겪는 부기, 움직일 때마다 느껴지는 불편감, 젖몸살과 허리 통증 등이 겹치면 마음은 더 무거워질 수밖에 없다.

이럴 때 산후 관리는 신체의 긴장을 완화해 불편함을 조금씩 줄여 주고, 마음이 차분해질 수 있는 기회를 마련해 준다.

"관리 후 몸이 편안해지니 마음도 한결 가라앉았어요. 괜히 짜증나던 순간들이 훨씬 줄어들었어요."

많은 엄마들의 이 고백처럼, 몸이 편안해지면 마음도 함께 안정을 찾게 된다.

| 스트레스 해소

주변에서는 육아에 지친 엄마들에게 "충전의 시간을 가져라", "자기만의 시간을 가져라"라고 쉽게 말한다. 그러나 현실에서 그런 시간을 확보하기란 결코 쉽지 않다. 산후 관리는 바로 그 어려운 시간을 대신 채워주는, 엄마

자신만을 위한 소중한 시간이다.

아이의 울음소리에서 잠시 벗어나 긴장을 풀고, 몸과 마음을 이완하는 이 시간은 엄마가 자신을 회복하는 데 꼭 필요하다.

"어젯밤엔 한숨도 못 잤는데, 오늘 관리받으면서 푹 잠들었어요. 정말 소중한 시간이었어요."

엄마들이 이렇게 말할 때마다, 나는 산후관리가 단순한 외형적 회복이 아니라 신체적·정신적 건강을 동시에 회복하는 과정임을 다시금 깊이 깨닫는다.

3. 병원 진료 vs 산후 관리, 무엇이 다른 가요?

"병원에서는 괜찮다고 하는데, 제 몸은 왜 이렇게 힘들까요?"

많은 엄마들이 나에게 이렇게 질문한다.

병원 진료는 엄마의 건강 상태를 점검하고 문제를 조기에 발견해 치료하는 데 초점이 맞춰져 있다. 반면, 산후 관리는 엄마의 몸과 마음을 세심하게 돌보며 균형을 회복하도록 돕는 데 목적이 있다.

〈병원 진료와 산후 관리의 주요 차이점〉

구분	병원 진료	산후 관리
목적	건강 상태 점검	신체 및 정신 회복
주요 내용	자궁 상태 확인, 출혈 및 감염 진단, 통증 관리	근육 이완, 혈액순환 촉진, 체형 회복
초점	의학적 회복	균형 회복과 일상으로의 복귀, 삶의 질 향상

출산 후 회복을 위해서는 병원 진료와 산후 관리 둘 다 필요하다. 두 영역은 서로 대체하는 것이 아니라 상호 보완적이다. 병원 진료는 건강 상태를 확인하고 이상을 조기에 발견하는 데 필수적이다. 그러나 병원에서 "정상"이라고 하더라도, 내가 느끼는 불편함은 그대로일 수 있다.

이때 산후 관리가 제 역할을 한다. 병원에서 해결하기 어려운 불편함을 보완하고, 혈액순

 함께갈서 괜찮은 출산과 육아

환을 촉진해 부종이 빨리 가라앉도록 돕는다. 또한 긴장된 근육을 이완시켜 몸을 움직이기 더 편하게 하고, 마음을 안정시켜 전반적인 회복을 앞당긴다.

몸의 균형을 되찾고 마음이 안정되면, 엄마의 육아 자신감도 자연스럽게 높아진다.

1) 젖몸살과 유선염으로 고생했던 엄마

젖몸살과 체력 저하로 결국 유선염까지 겪었던 엄마의 이야기다. 고열과 오한으로 힘든 하루를 보낸 뒤 병원을 찾아 유선염 약을 처방받아 열은 내렸지만, 가슴의 통증과 딱딱함은 여전하다며 나를 찾아 센터를 방문했다.

나는 산후 관리 중 하나인 유선염 관리를 진행했고, 딱딱했던 가슴이 부드러워지면서 모유 수유가 훨씬 수월해졌다.

"젖몸살과 유선염으로 너무 고생했는데, 관리받고 나니 가슴이 훨씬 부드러워졌어요. 모유 수유도 훨씬 편해졌어요. 가슴이 부드러워지니 아기가 훨씬 더 잘 먹고, 가슴 통증이 줄어들어 모유 수유 시간이 훨씬 편안해졌어요."

적절한 산후 관리는 단순히 몸을 편안하게 하는 것을 넘어, 엄마와 아기 모두의 삶의 질을 높여 준다.

2) 남편과 관계가 더 좋아졌다고 말하는 엄마

어떤 엄마는 남편과의 대화를 통해 산후 관

리가 얼마나 중요한지를 새롭게 깨달았다고
말했다.

"병원 진료 때 의사 선생님이 '이제 괜찮다'
고 하니까, 남편은 제가 왜 여전히 힘들어하는
지 잘 이해하지 못하더라고요. 그런데 산후 관
리를 받고 나니 몸이 훨씬 가벼워지고 편안해
졌어요. 몸이 편안해지니 남편에게 짜증내는
일도 줄고, 아프다는 말도 확 줄었어요. 남편
도 제 변화를 보면서 조금씩 이해하기 시작한
것 같더라고요. 저 역시 삶의 질이 눈에 띄게
달라졌어요. 그 뒤로는 남편에게 '아무리 병원
에서 괜찮다고 해도 내가 힘들면 아프고 힘든
거다'라고 말할 수 있었어요."

산후 관리를 통해 긴장된 근육이 풀리고 컨
디션이 회복되면서 몸이 한결 가벼워졌다. 몸
이 편안해지니 남편과의 대화도 부드러워지고
관계도 좋아졌다는 그녀의 고백은, 산후 관리
의 효과를 잘 보여 주는 이야기 중 하나다.

건강한 산후 회복의 핵심은 '순환'

사전에서 말하는 '순환'은 주기적으로 자꾸 되풀이하여 돎, 또는 그런 과정이라 정의한다. 내 몸의 기관들이 막힘 없이 원활하게 순환해야만 불편감이 사라지고 건강을 되찾을 수 있다. 출산 후 엄마들이 가장 많이 호소하는 불편함 역시, 결국은 순환의 문제에서 비롯되는 경우가 많다.

"다리가 붓고 무거워요."

"온몸이 피곤하고 무기력해요."

"손발이 차고 잠을 못 자겠어요."

| 혈액순환

혈액순환은 회복의 시작이다. 출산 후 산후 관리에서 혈액순환의 중요성은 아무리 강조해도 지나치지 않는다. 자궁 회복, 부기 완화, 신진대사 촉진까지—모든 회복의 핵심은 혈액순환이다.

"출산 후 배가 단단하고 아픈 느낌이 계속 있었는데, 산후 관리를 받고 혈액순환이 되니 배가 훨씬 부드러워지고 좋아졌어요."

혈액순환이 개선되면 다리의 무거움이 사라지고, 붓기가 눈에 띄게 줄어든다. 몸의 혈

액이 원활히 흐르면 신진대사가 활발해지면
서 산후 회복이 훨씬 빨라진다.

| 림프순환

혈액순환만큼 중요한 것이 림프순환이다.
림프는 몸속 노폐물과 독소를 배출하고 면역
력을 강화하는 역할을 한다. 림프순환이 원활
하지 않으면 피로와 무기력함이 심해지고, 감
염 위험도 커진다.

"겨드랑이에 알사탕처럼 딱딱한 덩이가 생
겨 팔을 올리기조차 힘들었는데, 관리를 받은
뒤 훨씬 편안해졌어요."

림프순환은 혈액이 잘 흐르고 노폐물이 쉽
게 배출되도록 도와 면역력을 높이고 회복 속
도를 빠르게 한다.

| 집에서 할 수 있는 림프순환 방법

• 핸드스파 & 족욕

손과 발은 우리 몸의 말단 부위라 순환이 원활하지 않으면 쉽게 차가워진다. 손과 발을 따뜻한 물에 담그면 혈액순환이 촉진되고, 몸과 마음이 동시에 편안해진다. 따뜻한 물의 온도는 순환을 돕는 동시에 마음을 안정시켜 준다.

• 호흡 & 스트레칭

스트레스가 높으면 몸은 금세 긴장한다. 육아로 굳은 몸과 마음을 풀어 주는 가장 간단한 방법은 호흡이다. 코로 깊게 들이마시고 입으로 내쉬며 온몸 구석구석에 산소를 채운다고 생각해 보자. 천천히 호흡하는 것만으로도

자궁과 복부 근육 회복에 큰 도움이 된다. 가
벼운 스트레칭과 림프절 마사지는 노폐물 배
출을 도와 관절 주위를 가볍게 하고 움직임을
편안하게 한다.

• 수분 보충하기

　육아에 바쁘다 보면 물 한 컵도 제대로 못
마시는 경우가 많다. 그러나 자주 수분을 섭취
하는 것만으로도 순환 촉진과 혈액순환 개선
에 큰 도움이 된다. 물만 잘 마셔도 몸은 훨씬
건강하고 가벼워진다.

 함께가서 괜찮은 출산과 육아

나만의 힐링 루틴 만들기

엄마들은 아기를 돌보느라 24시간이 모자랄 정도로 하루가 바쁘게 흘러간다. 하지만 이런 시간 속에서도 '나만의 힐링 루틴'을 만든다면 몸과 마음의 회복뿐 아니라 육아에 지친 에너지를 다시 채울 수 있다. 짧고 간단한 행동이라도 반복적으로 실천하다 보면, 힐링 루틴은 어느새 삶의 일부가 되어 더 행복한 일상을 만들어 준다.

엄마들이 알려주었던 '나만의 루틴'은 사소하지만, 행복은 몇 배로 커지는 경험이었다. 작은 실천이 하루를 행복하고 긍정적으로 바꾸는 힘이 된다는 사실을 보여주었다.

■ 커피믹스 한 잔의 행복

"아기 낮잠 시간에 여유롭게 마시는 커피믹스 한 잔이 저를 정말 행복하게 만들어 줘요. 5분이면 충분한 이 시간이 생각보다 자주 지켜지진 않지만, 그 짧은 5분이 힐링 에너지를 충전시켜 준다고 생각해요."

■ 스트레칭과 아이의 웃음

"아이가 모빌을 보고 노는 동안 저도 옆에 같이 누워 스트레칭을 해요. 만세를 하고 허리와 팔을 돌리거나 쭉 뻗어 움직여 주죠. 모빌을 보는 줄 알았던 아이가 사실은 저를 바

라보고 있더라고요. 눈이 마주쳐 함께 웃으니,
세상 무엇보다 행복한 순간이라는 생각이 들
었어요."

▣ 하루를 마감하며 나를 칭찬하기

"아기를 재우고 육아 퇴근을 한 뒤에는 저
자신에게 조용히 말해 줘요. '오늘도 정말 잘
해냈어. 대단하다.' 이렇게요. 그 짧은 칭찬이
저를 더 단단하게 만들어 줘요."

▣ 플레이리스트 만들기

"잠들기 전, 내일 아기와 함께 들을 노래 플
레이리스트를 만들어요. 연애 시절 남편과 함
께 리스트를 만들던 때가 떠오르기도 하고,
아이와 함께 보낼 내일이 음악으로 가득 차길
바라는 마음에 웃으며 잠들 수 있어요."

▣ 남편 퇴근 후 바람 쐬기

"남편이 퇴근하고 나면 집 앞 카페나 슈퍼

에 잠시 다녀오는 시간이 저에겐 작은 여행 같
아요. 아무것도 사지 않아도 바람을 쐬러 나오
는 그 시간이 큰 위로가 되거든요."

▨ 스킨십으로 토닥토닥

"아기 목욕 후 로션을 발라준 뒤, 제 몸에도
로션을 발라요. 손·팔·다리를 가볍게 문지르며
저 자신을 토닥이는 시간이 참 좋아요. 짧은
순간이지만 '나를 어루만진다'는 느낌이 들어
요."

▨ 하루를 마무리하고 남편과 대화하기

"아기를 재우고 육아 퇴근을 한 후, 남편과
대화를 나눠요. 하루 종일 아기에게만 말을
했지만 저도 어른과 대화하고 싶거든요. 남편
과 오늘 있었던 재미있는 일, 힘들었던 일을
나누다 보면 웃음이 나고, 서로의 하루를 이
해할 수 있어요. 짧은 대화지만 힐링이 되는
시간이죠."

엄마들의 힐링 루틴은 어려운 게 아니다. 중요한 건 '나만의 작은 시간'을 만들어내는 것이다. 내가 좋아하는 노래, 라디오, 친구와의 통화, 커피 한 잔, 스트레칭, 부부의 시간, 산책…. 거창하지 않아도 된다. 하지만 스스로를 돌보는 습관이야말로 산후 회복과 육아 스트레스를 이겨내는 큰 힘이 된다.

오늘 하루, 단 몇 분이라도 나를 위한 시간을 내어 보자. 그 시간이 매일 쌓이면, 나를 단단하게 지탱해 줄 에너지가 된다. 짧은 힐링 루틴이 몸과 마음을 회복시켰다면, 이제는 한 걸음 더 나아가 건강하고 활기찬 몸을 위한 산후 운동으로 이어가 보자.

산후 우울증, 나만의 이야기가 아니다
1. 이유 없이 서운하고 슬프다

선생님, 저는 제 가슴의 초상권이 없어졌어요. 이제 가슴이 아니라 '젖'이 되었죠. 다들 젖이 잘 나오냐고만 물어요. 전 온몸이 아픈데 말이죠."

"아기가 살이 안 오른다면서 젖양이 부족한 거 아니냐고 해요. 엄마가 못 먹어서 그렇다며 많이 먹으라고도 하고요… 이건 도대체 누굴 걱정하는 건가요?"

"하루 종일 독박육아를 하는 건 저인데, 남

편에게 고생이 많다고 인사하는 사람들은 왜
그런 거죠?"

임신 중에는 산모의 건강을 살피던 주변의
시선이, 출산과 함께 '나'에서 '아기'로 급격히
이동한다. 물론 아기가 가장 소중하지만, 모든
관심이 아기에게만 향하면 마음 한편이 서글
프다. 내 이름으로 불리던 삶이 어느새 '산모'
로, 조리원에 가면 '○○의 엄마'로 바뀐다. 엄
마라는 이름이 자랑스럽지만, 내 이름이 사라
지는 듯해 문득 슬프기도 하다. 사람들은 내
가 몇 살인지, 어떤 사람인지보다 아기가 언제
태어났는지, 몸무게는 얼마인지, 젖양은 어느
정도인지를 궁금해한다. 나 역시 타인에게 그
런 질문을 하지만, 내 마음의 허전함이 정확
히 무엇인지 모를 때가 많다.

출산 후 병문안을 맞았던 어떤 엄마의 이야
기가 떠오른다. 씻지도 못한 채 누군가를 맞는

게 부담스러웠지만, 그래도 오랜만에 사람을 만난다는 기대감에 머리를 대충 묶고 아픈 몸을 일으켜 앉아 기다렸다. 가족들이 들어오자마자 "고생했다, 수고했어." 한마디가 지나가고, 곧바로 아기에 대한 질문이 쏟아졌다.

"아기는 몇 킬로야?" "면회는 언제 가능해?" "누굴 닮았어?" "자연분만했어? 젖은 잘 나와?" "와이프 케어하느라 네가 고생 많다." "아기 이름은 뭐야?"

병상에 누워 있는 '나'는 대화에서 사라져 있었다. 순간 스친 생각. '여기 아기까지 있었으면, 나는 아무도 신경 쓰지 않았겠구나.' 내 병문안이 아닌, 아기의 병문안처럼 느껴졌다.

"선생님, 그 순간 제 아기에게 질투가 났어요. 제가 모성애가 없는 걸까요?"

힘들었던 진통과 출산을 공감해 줄 사람도, 이야기를 들어줄 사람도 없는 듯한 고립감. 그러다 이미 아이를 키우고 있던 친구가 와서 건

 함께가서 괜찮은 **출산과 육아**

넨 첫마디에 눈물이 터졌다.

"많이 아프고 힘들지? 아프다고 꼭 말해. 안 그러면 아무도 몰라."

그 한마디에, '엄마니까 참아야지' 눌러 두었던 감정이 이해받는 순간 위로가 되었다.

낯섦의 연속이었던 임신과 출산. 그 이후 엄마로 사는 일은 더 큰 낯섦이었다. 나조차 몰랐던 내 모습에 놀라는 순간도 많았다. 하지만 이런 감정이 잘못된 것도, 모성애가 없는 것도 아니다. 우리도 '엄마'라는 상황에 적응 중이기 때문이다.

그래서 말했다. "우리도 엄마가 처음이니 당연한 거예요. 낯선 감정과 상황을 외면하지 말고, 인정하고 받아들이는 것이 엄마와 아기가 함께 자라는 첫걸음이에요."

2. 제가 원래 이런 사람이 아니에요

문을 열고 들어온 엄마는 기운이 하나도 없었다. 그녀가 먼저 입을 열었다.

"선생님, 제가 원래 이런 사람이 아니었어요."

평범한 한 문장이지만, 출산 직후 이 말이 품은 무게는 크다.

"저 원래 체력 하나는 자신 있었어요. 해외여행 다녀와 새벽 비행기로 내려서 바로 출근해도 거뜬했거든요. 그런데 출산하고 나니 체

력이 바닥이에요. 감기는 2주째고, 손목엔 건
초염이 생겼어요. 너무 피곤해 제대로 자지도
못해요."

"원래 이 시기가 제일 힘들어요. 임신과 출
산으로 떨어진 체력이 아직 회복되지 않았고,
새로운 생활 패턴에 적응도 안 됐거든요."

"통잠이 간절해요. 기저귀 갈고 먹이고 트
림시키고, 겨우 잠든 것 같아 눕히면 다시 깨
요…. 잠깐 쉬면 또 수유 시간이 돌아오고요.
엄마들은 도대체 언제 자나요? 다시 깨야 한
다는 생각에 잠도 못 자겠어요. 화장품 바를
시간은커녕 세수만 해도 다행이에요."

이 말은 그녀만의 이야기가 아니다. 출산 후
육아를 시작한 대부분의 엄마들이 겪는 현실
이다. 어제까진 임신부였고, 오늘은 예행연습
없이 '엄마'가 된다. 몸이 회복되지 않은 상태
에서 바로 시작되는 새로운 생활. 임신 전의
나를 떠올리며 '이 정도는 버틸 수 있어'라고

생각하지만 현실은 다르다. 체력도, 자신감도 바닥. ‘정신력으로 버티자’고 하다 보면 몸이 먼저 신호를 보낸다. 염증 수치는 오르고, 손목이 아프다 괜찮아지면 허리가, 발목이, 전신이 쑤신다. 내 몸이 종합병원처럼 느껴질 때도 있다.

관리를 받던 그녀가 다시 말했다.

“저는 원래 무던하고 참을성도 있었어요. 그런데 아기가 울면 온 신경이 날카로워져요. 쉽게 달래지지 않는 날엔 멘탈이 와르르 무너져요. 그리고… 지금 이 말을 하면서도 졸음이 쏟아져요.”

관리실에서는 말을 하다 갑자기 잠에 빠지는 엄마들을 자주 본다. 나 역시 그랬다. 부은 얼굴, 퀭한 눈, 흐트러진 머리, 젖이 묻은 옷…. “이 사람, 나 맞아?” 스스로를 의심하고 또 의심한다. ‘지금 잘하고 있나?’ ‘이렇게 키우면 되나?’ ‘아기 울음소리도 구분 못 하는 내가 엄마가 맞나?' 자신감은 사라지고 피로만 쌓인다. 어떤 날은 아기와 함께 엉엉 울고 싶다.

하지만 이 감정은 매우 보편적이다. 관리 후 잠에서 깬 그녀에게 말했다.

"예전의 나를 잠시 잊으세요. 지금은 체력도 깡도 없는 시기가 맞아요. 잠도 부족하니 자주 아플 수밖에요. 당연한 일입니다. 다만 아기와 함께 새로운 패턴에 적응 중이고, 조금 지나면 분명 적응돼요. 그 하루하루가 쌓여 베테랑 엄마가 됩니다. 오늘도 아기와 무사히 보낸 당신이 가장 멋진 엄마예요."

그녀가 미소 지으며 답했다. "감사해요. 아직은 저도 저를 잘 모르겠지만, 오늘도 힘내볼게요."

3. 아기도 울고, 나도 울고

새벽 3시. 자정부터 보채는 아기를 기저귀 갈고, 먹이고, 안아 달래기를 반복했다. 오늘따라 유난히 많이 안았더니 온몸이 천근만근. 결국 아기를 달래다 나도 같이 울어 버렸다.

"엄마가 어떻게 해 주면 안 울 거야? 제발 좀 알려줘. 엄마가 모르겠어. 알아들을 수 있게 말해 줘, 응?"

아기에게 애원하듯 내뱉은 말은 사실 나 자신에게 한탄하는 소리였다.

소리에 놀라 남편이 달려와 한 손으로 아이를, 다른 손으로 나를 안아 주었다. 그날 밤, 남편 품에서 아기처럼 서럽게 울었다. 아기가 태어난 건 너무 기쁜데, 몸은 너무 지쳐 있었다. 달래도 달래지지 않는 울음, 이유를 설명할 수 없는 감정이 하루 종일 몰아치는 날. 출산 전엔 상상도 못 했던 모습이었다.

이건 특별한 사건이 아니다. 많은 엄마들이 이렇게 말한다.

"어제 정말 미칠 것 같았어요. 애도 울고 저도 울고…. 퇴근한 남편이 현관문 열고 깜짝 놀라더라고요."

"저도 그랬어요. 첫째 때도, 둘째 때는 양팔에 한 아이씩 안고 셋이 같이 울었어요."

"정말요? 저만 그런 줄 알았어요."

"거의 다 그래요. 아마 엄마라면 누구나 한 번쯤은요. 그렇게 울면서도 단단해지는 거예요."

호르몬이 아직 안정되지 않아 감정 기복이 심하고, 피로와 회복 지연이 겹친다. 나도 남편에게 "나도 내가 왜 이러는지 모르겠다. 그냥 정신 나간 여자라고 생각해"라고 말하곤 했다.

1. 감정 변화는 당연합니다. 한 시간 전엔 웃었어도 지금은 다를 수 있어요. 설명을 요구하기보다 있는 그대로 받아 주세요.

2. "왜 그래?"는 잠시 넣어 두세요. 본인도 이유를 모를 때가 많아요. "힘들지", "수고했어", "괜찮아" 같은 공감의 말이 더 큰 힘이 됩니다.

3. "도와줄까?" 대신 "내가 할게"라고 말하세요. "기저귀는 내가", "설거지는 내가"처럼 구체적으로 행동해 주세요.

4. 울 땐 꼭 안아 주세요. 이유를 묻지 말고 포옹과 "오늘도 고생 많았어" 한마디면 충분합니다.

생각보다 많은 엄마가 버티듯 하루를 보낸다. 감정을 들여다볼 여유도 없이. 그렇게 쌓인 감정은 사소한 순간에 폭발한다. 특별한 사건이 없는데도 불쑥 주저앉아 엉엉 울게 되는 날. 이 순간들이 겹치면, 멀게만 느꼈던 '산후 우울증'을 떠올리게 된다. "난 그런 거 안 걸려." 자신 있게 말했어도, 어느 날 조용히 곁에 와 있을지도 모른다.

4. 어느 날 산후 우울증이 내 안에 들어 왔다

아이를 낳기 전, 남편이 진지하게 말했다. "다들 산후 우울증이 제일 무섭대. 당신은 안 그랬으면 좋겠어."

나는 웃으며 답했다. "걱정 마. 나는 우울이랑 상관없는 사람이야."

하지만 출산 후의 하루하루는 내 예상과 전혀 달랐다. 산후 우울증은 드라마 속 특별한 이야기가 아니라, 누구에게나 올 수 있는 평범한 감정이었다.

창밖의 벚꽃을 멍하니 바라보는 나, 울음을 터뜨리는 아기를 달래다 지쳐 함께 우는 나, 거울 속 짙은 다크서클의 나…. 특별한 사건 없이 스며들 듯, 어느새 내 안에 들어와 있었다.

모두가 각자의 방식으로 겪는다. 증상도, 감정도 제각기 다르다. 다만, 우리 모두가 이 시기를 지나고 있다는 사실만은 같다. 아래는 그 평범하지만 깊은 이야기들이다.

〈계획대로 되지 않는 육아의 현실을 보내는 엄마〉

가정방문을 가면 하루 계획표를 붙여 둔 엄마를 자주 본다.

"저 파워 J예요. 뭐든 계획하고 준비하는 스타일인데, 수유 간격이든 낮잠 시간이든 제 마음대로 안 돼요."

육아서 세 권을 정독하고 강의도 들으며 완벽한 로드맵을 그렸지만, 현실은 하루도 계획대로 흘러가지 않는다. "다른 집은 다 맞춘다는데 왜 우리 아이는 안 될까요? 불안해요. 제가 제대로 못하는 것 같아요. 엄마 자격이 없는 것 같아요."

〈친구의 조언 때문에 불안이 커진 엄마〉

친구가 놀러 왔다. 아이가 울자 바로 안아 들었더니 친구가 말했다. "울 때 바로 안으면 버릇 나빠져. 좀 기다려 봐." 그녀는 잠시 주춤했다. "터미 타임은 해? 이 시기엔 꼭 해야 해." "안 하고 있는데…." 친구는 수유 시간, 수면 교육, 발달 자극… 질문과 조언을 쉴 틈 없이 이어 갔다. 친구가 떠난 뒤 남은 건 불안감. 우는 아이를 보며, 발달이 느린 것처럼 보이는 순간마다 모든 게 내 탓 같아졌다.

함께가서 괜찮은 출산과 육아

〈커리어 우먼에서 무기력해진 엄마〉

직장에서 인정받던 엄마. 집에서는 생기 없는 눈빛으로 말했다. "저 쓸모없는 사람 같은 기분이에요. 회사에선 필요한 사람이었는데, 지금은 하루 종일 기저귀만 갈아요. 수유하고 재우고 갈고… 반복이에요. 아무 성과도 없는 것 같아요."

출산 후의 삶은 끝없는 루틴이다. 하루 종일 바쁘지만, 밤에 돌아보면 '아무것도 이룬 게 없다'는 허무함만 남는디. 알아주는 이도 없다.

〈잠든 아이를 보면 눈물이 나는 엄마〉

"아이가 잠들면 이유 없이 눈물이 나요. 이 아이를 안전하고 온전히 사랑하며 키울 수 있을지 자신이 없어요. 제 불안이 아기에게 전해질까 봐도 걱정이고요. 그런데 어떻게 해야 할지 모르겠어요."

불안은 또 다른 불안을 낳고, 걱정은 자책으로 이어진다. 그녀의 손을 꼭 잡았다.

이 모든 이야기가 낯설지 않다면, 당연하다. 주변 엄마들이 늘 하는 이야기, 혹은 당신이 이미 겪었을 평범하고도 진짜인 이야기이기 때문이다.

| 산후 우울증 자가 진단 검사지

1. 이 검사지는 에딘버러 산후 우울증 검사입니다.
2. 지난 7일의 기분을 생각하며 문항에 답하세요.

문항	아니다	가끔	자주	대부분
웃긴 것이 눈에 잘 보이고 웃을 수 있었다.	3	2	1	0
즐거운 기대감에 어떤 일을 손꼽아 기다렸다.	3	2	1	0

 함께가서 괜찮은 출산과 육아

일이 잘못되면 필요 이상으로 자신을 탓했다.	0	1	2	3
별 이유 없이 불안해지거나 걱정이 됐다.	0	1	2	3
별 이유 없이 두려움이나 공포를 느꼈다.	0	1	2	3
할 일들이 쌓여만 있다.	0	1	2	3
너무 불안한 기분이 들어 잠을 잘 못 잤다.				
슬프거나 비참한 느낌이 들었다.	0	1	2	3
너무 불행한 기분이 들어 울었다.	0	1	2	3
자신을 해치는 생각이 들었다.	0	1	2	3

[자가 평가]

-0~8점 : 정상

-9~12점 : 상담 수준(경계선)

-13점 이상 : 심각한 산후 우울증

[결과에 대한 해석에 대하여]

점수가 높다고 놀라거나 걱정하지 말자. 산후 우울증은 출산한 모든 엄마가 경험할 수 있는 자연스러운 과정이며, 무엇보다 엄마의 잘못이 아니다. 아기가 세상에 태어난 지 7일째라면, 나 역시 '엄마'라는 이름으로 살아간지 7일째다. 몇십 년을 살아왔어도, 엄마로서는 이제 막 첫발을 뗀 초보일 뿐이다.

세상에 완벽한 엄마는 없다. 엄마라는 이름으로 완벽해지려 애쓰지 말자. 누구도 완벽히 준비된 상태에서 엄마가 되는 사람은 없다. 그리고 혼자가 아니다. 이 모든 것을 혼자 이겨내고 해결할 필요는 없다.

옆을 둘러보자. 당신 곁에는 언제나 손을 내밀 준비가 된 사람들이 있다. 그 손을 잡아보자. 산후 우울증은 누구나 겪을 수 있는 과정이며, 그것은 지나가는 한 시기일 뿐이다.

5. 나는 이미 괜찮은 엄마다

출산 후 산후우울증을 겪는 엄마들은 생각보다 많다. 하지만 그 사실을 스스로 인정하기란 결코 쉽지 않다. 모두가 힘들다고는 하지만, 유독 나만 더 힘든 것 같고, 나만 더 약한 것 같고, 남들보다 못하는 것 같다는 생각이 끊이지 않는다. 이렇게 자꾸만 자신을 탓하게 되는 것, 그것이 산후우울증의 시작이다. 게다가 어머니 세대의 이야기를 듣게 되면 마음이 더 답답해진다.

“우리는 천 기저귀를 삶아가며 아이를 키웠
어.”

“분유 포트도 없이 물을 끓여 먹이면서도,
요즘 엄마들은 편해도 힘들다며 투정 부리더
라.”

이런 말들은 엄마들의 자존감을 한없이 깎
아내린다. 그래서 나는 늘 이렇게 말한다.

“다른 사람은 참고 잘 버텼다고 해도, 지금
내가 아프다면 그건 그냥 아픈 거예요. 힘든
것도 분명히 맞아요. 그러니 남들과 비교하지
말고, 지금 이 순간의 나를 있는 그대로 인정
해 주세요.”

<우울하다는 사실을 숨기지 말고 받아들이자>

셋째를 키우던 엄마가 있었다. 첫째 출산 때
부터 밝고 에너지가 넘쳤던 그녀는, 셋째 출산
후 처음으로 힘들다는 이야기를 꺼냈다.

"셋째니까 익숙할 줄 알았는데 힘드네요. 아이들한테 매일 소리만 지르는 것 같아요. 아기가 사랑스럽지도 않고요. 선생님도 그런 적 있으세요?"

"그럼요. 당연히 있죠. 엄마는 슈퍼우먼이 아니에요. 사람이잖아요. 특히나 애 셋을 돌보면서 힘들지 않다면, 그게 진짜 이상한 거예요."

그녀는 첫째, 둘째의 등·하원부터 막내의 모유 수유까지 모든 걸 해내고 있었다. 하지만 정작 그녀의 힘듦을 알아주는 사람은 없었다. 그렇다 해도 힘들다는 말은 절대 약한 게 아니다. 산후우울증을 극복하는 첫 시작은 '내가 힘들다'는 것을 인정하는 것에서 출발한다.

<계획은 계획일 뿐, 틀에서 벗어나도 괜찮다>
MBTI에서 J 성향이 강했던 그녀는, 출산 후

에도 꼼꼼히 육아 계획표를 만들어 시행하려 했다. 그러나 현실은 계획과 달랐고, 매번 무너졌다.

"왜 계획대로 안 될까요? 제가 뭘 잘못하고 있는 걸까요?"

나는 말했다.

"계획대로 흘러가는 하루, 정확하게 모든 시간을 지키는 아기는 세상에 없어요. 아기도 감정이 있는 작은 사람이에요. 우리도 날마다 기분과 컨디션이 다르듯, 아기도 달라요."

관찰을 통해 아기의 흐름을 따라가자, 조금씩 규칙성이 보였다. 외출이 있었던 날은 잠투정이 심했고, 목욕 후엔 배가 고프다며 크게 울었다. 오전에는 덜 먹었지만 낮잠 뒤에는 더 많이 먹었다. 그녀는 말했다.

"패턴이 조금씩 보이기 시작했어요. 아기를 알게 되니까 힘든 시간이 줄었어요."

엄마가 완벽해야 한다는 부담을 내려놓을 때 비로소 여유가 생긴다. 그러니 꼭 기억하자. 당신은 이미 완벽하다.

⟨나를 위한 시간이 필요하다 – '엄마' 이전에 '나'라는 존재를 위해⟩

어느 날 한 엄마가 톡을 보냈다.

"선생님, 집에 있기 너무 힘들어요. 갈 곳이 없어요."

그녀는 남편의 배려로 방에 들어갔지만, 오히려 아기 우는 소리도, 남편의 목소리도 듣기 싫다고 했다. 나는 말했다.

"겉옷과 지갑을 챙기고 나가요. 카페에서 좋아하는 음료를 한잔 사세요. 그리고 공원 벤치에 앉아 시간을 보내세요."

1시간 반 뒤 그녀에게서 톡이 왔다.

"별것 아니라고 생각했던 이 시간이 참 신기했어요. 한 시간쯤 지나니 아기가 보고 싶어졌어요. 그리고 남편도 걱정이 되더라고요. 기분이 한결 나아졌어요."

엄마도 혼자만의 시간이 필요하다. 그것은 이기적인 게 아니라 회복의 조건이다.

〈도움을 요청하자 – 아기는 엄마 혼자 키우는 게 아니다〉

산후우울증을 인정한 엄마가 해야 할 일은 주변에 도움을 요청하고 받아들이는 것이다. 육아는 혼자 감당할 수 없다.

힘들어하는 나를 위해 반차를 내고 달려온 남편,

잘 먹어야 한다며 반찬을 챙겨온 친정엄마,

심심하지 않냐며 놀러온 친구,

"아기는 내가 볼 테니 영화 보고 오라"고 말

해 준 시어머니.

육아는 가족과 이웃, 그리고 함께하는 공동

체의 품에서 훨씬 가벼워질 수 있다. 혼자 끙

끙대지 말고 기꺼이 도움을 받자.

<자신에게 칭찬하기 – 나는 이미 충분하다>

산후우울증을 극복한 엄마들은 하나같이

말했다.

"괜찮다. 잘하고 있다."

주변의 격려도 힘이 되지만, 가장 큰 힘은

스스로에게 하는 말이다.

"나는 잘하고 있다. 이미 충분하다."

우리는 늘 더 잘해야 한다는 압박감 속에

살지만, 완벽한 엄마는 없다. 아기와 함께 성장하는 엄마만 있을 뿐이다. 오늘 하루를 무사히 보낸 것만으로도 충분하다.

[산후 우울증을 극복한 엄마들의 이야기]

"잠깐의 외출이 저에게 너무 소중했어요. 혼자만의 시간을 꼭 가지세요."

"엄마이기 전에 '나'였던 시간을 찾는 게 중요해요."

"도와달라고 이야기하세요. 혼자서는 할 수 없어요."

"병원에 가는 게 두려웠지만, 지금은 훨씬 더 행복해졌어요. 도움을 받아서 다행이에요."

[산후 우울증을 함께 겪은 아빠들의 이야기]

"지금은 아내가 아프다는 걸 압니다. 그러니 제가 더 보살피고 도와야 한다고 생각합니다."

"제가 힘든 건 괜찮아요. 아내가 더 힘들죠. 당연히 함께해야죠."

"휴직을 고민했어요. 아내와 아기가 행복해야 저도 행복하니까요."

"아프다고 했을 때 더 빨리 알아차리지 못한 게 너무 속상합니다."

아내가 평소와 다르다는 것을 남편은 알고 있었다. 아기를 낳고 아내가 아플 수 있다는 것을 산후 우울증을 극복한 남편들은 받아들이고 있었다. 그리고 이 아픔이 괜찮아지면 아내가 다시 예전의 모습으로 돌아오리라는 것에 대해 한 치의 의심도 하지 않았다. 남들이 뭐라 하든 상관없었다. 이런 모습에서 부부의 의미를 다시 생각하게 된다.

엄마도 잘 먹고, 잘 놀고, 잘 자야 한다

산후 우울증을 보내고 있는 엄마들에게 제일 필요한 것은 무엇일까? 그것은 잘 먹고, 잘 놀고, 잘 자는 것이다. 엄마의 일과는 아기가 잘 먹고, 잘 자고, 잘 노는 것이 최우선이 된다. 그런데 정작 엄마에게 필요한 본능적인 부분들은 뒷전으로 밀려나곤 한다. 아기에게 먹고, 놀고, 자는 것이 중요하듯, 엄마의 건강과 균형 잡힌 삶을 위해서도 '먹·놀·잠'은 필수이다.

1. 엄마도 잘 먹어야 한다

출산 후 제대로 된 한 끼를 먹는 것은 생각보다 쉽지 않다. 막상 밥을 먹으려 하면 아기가 울고, 달래고 오면 밥은 이미 차갑게 식어 있다. 결국 급히 국에 찬밥을 밀아 '바시듯' 먹는 게 일상이 된다. 컵라면도 예외가 아니다. 물을 부어놓고 달래다 보면 불어 터져 버린 라면을 버려야 할 때도 많다.

그러나 엄마에게 먹는 것은 회복을 위한 필수 조건이다. 몸이 회복되려면 따뜻하고 영양가 있는 식사를 편안하게 먹는 게 가장 중요하다. 혼자 급히 먹기보다는 가족과 함께 대화를 나누며 먹는 것이 정서적 안정에도 큰 도움이 된다. 아무리 바쁘고 정신이 없어도 끼니를 거르지 말자. 간단한 식사라도 준비해 두고, 기회가 될 때는 온전히 식사에 집중해라.

남편에게 알려주는 팁!

퇴근 후 아내에게 "밥 먹었어?"라고 물어보세요.

함께 식사할 수 있을 때는 꼭 아내와 같이 먹어 주세요.

2. 엄마도 잘 놀아야 한다

출산 후 엄마의 하루는 온종일 아기와 보내는 시간으로 가득하다. 하지만 엄마가 '나'를 위한 놀이와 여가 시간을 가지지 못하면, 점점 '나'라는 존재가 사라지는 것 같은 기분이 든다.

20~30분의 산책, 좋아하는 음악을 들으며 멍하니 앉아 있는 것, 혹은 드라마 한 편을 보는 것만으로도 충분하다. 잠시라도 '엄마'가 아닌 '나'로 존재할 수 있는 시간은 스트레스

를 흘려보내는 귀한 기회가 된다.

잠들기 전 20~30분이라도 아내 혼자만의 시간을

선물하세요. 엄마에게도 자유 시간이 꼭 필요합니다.

3. 엄마도 잘 자야 한다

신생아 시기의 엄마는 아기의 수면 패턴에 맞춰 수시로 깨야 한다. 1~2시간 단위로 깨다 보면 하루 종일 잠을 잔 것 같지도 않고, 온몸이 피곤하다. 수면 **부족**은 **몸**뿐 아니라 마음마저 지치게 하고, 결국 건강에도 큰 위협이 된다.

아기가 잘 때 엄마도 함께 자는 것이 가장 좋은 방법이다. 아기가 자는 동안 다른 일을 하다 보면 엄마의 휴식 시간이 사라져 더 지치

게 된다. 할 수 있다면 주변에 도움을 요청해
서라도 3시간 정도는 온전히 자는 시간을 확
보해야 한다.

남편에게 알려주는 팁!

"3시간만 푹 자!"라고 말하며 아내를 방으로 보내세
요. 그동안 아기를 잘 돌봐주면, 3시간 후 아내의
얼굴에는 다시 생기가 돌 것입니다.

산후 다이어트, 언제 어떻게 시작할까?

아기를 바라보면 기쁘지만, 거울 속 내 모습을 보면 속상했던 적이 분명 있을 것이다. 출산 후에도 여전히 나와 있는 배, 부어 있는 몸, 그리고 바닥난 에너지. 그래서 많은 엄마가 "예전의 모습을 찾지 못하면 어떡하지?"라는 불안감과 조급함을 느끼곤 한다. 그러나 출산 직후 다이어트를 시작하는 것은 몸과 마음 모두에 큰 부담을 줄 수 있다.

10개월 동안 임신으로 인해 급격한 변화를

겪은 몸은 천천히 회복할 시간이 필요하다. 건강이 회복되지 않은 상태에서 무리하게 다이어트를 시작하면 회복 속도를 늦추고 오히려 건강을 해칠 수 있다.

출산 후 회복에는 최소 6~8주의 시간이 필요하다. 자궁이 원래 크기로 돌아가고 내장 기관들이 제자리를 찾아야 하기 때문이다. 이 시기에는 몸이 자연적으로 임신 전 상태로 돌아가는 과정을 거친다. 이 시간을 이해하고 회복에 집중하는 것, 그것이 성공적인 산후 다이어트의 시작이다.

| 6~8주 회복 기간에 일어나는 변화

1) 자궁 회복

출산 후 자궁은 임신 전 크기로 돌아가기

위해 최소 6~8주의 시간이 필요하다. 출산 후 몇 주간 복부가 여전히 부풀어 보이더라도 걱정하지 않아도 된다. 자궁은 이 시기에 원래의 크기로 돌아가고 있으며, 10개월 동안 천천히 불러온 배도 함께 조금씩 회복 중이다.

2) 출산으로 인한 상처 치유

자연분만으로 인한 회음부 상처나 제왕절개 부위의 치유에도 6~8주의 시간이 필요하다. 많은 엄마가 출산 후 곧바로 일상으로 복귀할 수 있을 거라 기대하지만, 초기에는 통증으로 인해 움직이는 것조차 쉽지 않다. 그러나 몸은 점차 회복되며 조금씩 나아가고 있다. 제왕절개로 출산했다면 수술 부위는 몇 개월 이상 치유 기간이 필요할 수도 있다.

3) 호르몬 안정화

임신 중 급격히 변했던 호르몬 수치가 원래대로 돌아가려면 시간이 필요하다. 이 시기에는 감정 기복과 불안을 느낄 수 있다. 하루에도 몇 번씩 흔들리는 감정, 이유 없는 불안은 자연스러운 과정이다. 천천히 몸과 마음의 균형을 되찾는 데 집중해야 한다.

4) 체력 회복과 새로운 역할 적응

임신과 출산으로 소모된 체력을 되찾고 '엄마'라는 새로운 역할에 적응하려면 시간이 필요하다. 체력이 완전히 회복되지 않았음을 인정하고, 이 시기에는 무리한 활동을 피하는 것이 중요하다. 그래야 2차 질병이나 합병증을 예방할 수 있다.

이 시간을 무리 없이 보내야 몸과 마음이 다음 단계로 나아갈 준비가 된다. 자기 몸을 충분히 돌보고, 새로운 역할에 적응하며, 에너지를 채우는 것이 산후 다이어트의 첫 단계다.

　6~8주의 회복이 끝난 후, 이제 본격적으로 몸을 가꾸고 건강을 되찾을 준비가 되었다면 다음 단계는 "잘 먹는 것"이다. 출산 후 내 몸을 위한 작은 변화를 함께 시작해 보자.

잘 먹는 것부터 시작하는 산후 다이어트

출산 후 살을 빼야 한다는 조급한 마음에 "그냥 굶으면 되지 않을까?"라는 생각을 해 본 적이 있을 것이다. 그러나 산후 다이어트를 위해서는 굶는 것이 아니라 잘 먹는 것이 필요하다. 산후 다이어트는 바로 잘 먹는 것에서부터 시작되기 때문이다. 잘못된 다이어트는 몸을 더 지치게 할 뿐 아니라 회복 속도를 늦추고 체중 감량에도 방해가 된다. 산후 다이어트는 굶거나 제한적으로 먹는 것이 아니라, 몸을 회복하며 건강하게 체중을 관리하는 과정이다.

이제 우리, 함께 "나를 위한 잘 먹기" 미션에 도전해 보자!

[잘 먹기 미션: 산후 다이어트의 기본 원칙]

산후 다이어트에서 '잘 먹는 것'은 무엇을 어떻게 먹느냐와 밀접하게 관련된다. 육아를 하면서 끼니를 챙기는 일이 쉽지 않지만, 조금은 더 부지런해질 필요가 있다. 미리 준비해 두고 간단히 챙겨 먹을 수 있는 자신만의 방법들이 필요하다.

1) 단백질은 산후 회복의 열쇠

단백질은 근육과 조직을 회복시키는 데 필수적이다. 아기를 낳은 후 제대로 자는 숙면보다 쪽잠을 자며 육아를 하니 온몸이 쑤시고 아프다는 말을 달고 살게 된다. 이럴 때 필요한 것이 바로 단백질이다. 달걀, 닭가슴살, 두부, 생선 등을 매 끼니에 조금씩 넣어 보자.

2) 채소와 과일로 비타민 충전

비타민은 건강기능식품으로 보충해도 좋지만, 음식으로 섭취하는 것이 가장 좋다. 빨강·주황·노랑·초록·파랑·보라색 등 다양한 색깔의 채소와 과일은 비타민과 미네랄을 보충해 부기를 줄이는 데 도움을 준다.

3) 수분 섭취는 필수

아기를 돌보다 보면 물 마실 시간조차 없어 잊기 쉽다. 그러나 수분은 신진대사를 원활히 하고 노폐물 배출과 부종 완화에 꼭 필요하다.

본인 체중에 맞는 권장 섭취량을 계산해 꼭 챙겨야 한다.

적정 수분 섭취 공식: 몸무게(kg) × 30ml

예) 70kg → 하루 약 2.1L

4) 흰 쌀밥보다는 현미의 비중을 높이기

다이어트를 한다고 밥을 줄이는 것은 오히려 역효과를 낸다. 대신 흰 쌀밥에 조금씩 현미를 섞어 보자. 서서히 현미 비율을 높여 현미밥에 익숙해지면 좋다. 현미는 식이섬유가 풍부해 변비 예방에 좋고, 에너지를 오래 유지시켜 준다.

5) 견과류로 건강한 간식 타임

출출할 때 과자나 아이스크림 대신 견과류

를 챙겨 먹자. 불포화 지방산이 풍부해 건강
에도 좋고 포만감도 준다.

6) 지방은 좋은 지방으로

좋은 지방은 피로 해소와 에너지 충전에 도
움을 준다. 호르몬 균형을 잡아 주어 정서적
안정에도 기여하고, 피부와 모발 건강까지 지
켜 준다.

특히 아보카도는 '자연이 준 버터'라 불릴
만큼 오메가-9 지방산이 풍부해 덮밥이나 스
무디에 넣으면 든든하다. 연어, 고등어, 참치
같은 등푸른 생선에는 오메가-3 지방산이 풍
부해 염증을 줄이고 회복을 돕는다. 그릭요거
트는 단백질과 건강한 지방이 함께 들어 있어
소화에 좋고 장 건강까지 챙길 수 있다.

엄마가 되고 나면 밥 한 끼 챙겨 먹는 것이

얼마나 어려운 일인지 실감하게 된다. 종일 아기를 돌보다 끼니를 놓치고, 결국 저녁에 기름진 음식이나 배달 음식으로 폭식하는 경우도 많다. 그러나 이런 습관은 다이어트에 전혀 도움이 되지 않는다.

출산 후 몸은 여전히 회복 중이다. 이 시기에 잘 챙겨 먹지 않으면 체력이 더 떨어지고 신진대사가 느려져 지방이 쌓이고 근육이 줄어드는 악순환이 이어진다. 한 끼만 먹거나 적게 먹는 다이어트는 단기적으로는 체중이 줄 수 있지만, 결국 요요현상이 찾아온다.

다시 한번 강조한다. 산후 다이어트는 단순한 체중 감량이 목적이 아니다. 몸을 회복하고 건강하게 관리하는 것이 핵심이다. 잘 먹는 것은 곧 잘 회복하는 것이고, 회복된 몸이야말로 건강한 다이어트의 든든한 기초가 된다.

조금씩 실천하다 보면 체력이 향상되고 신진대사가 활발해지며 체중도 자연스럽게 줄어든다. 체중계의 숫자에 집착하기보다 건강한 몸과 긍정적인 마음을 회복하는 것에 초점을 맞추자.

잘 먹는 것이 첫 단계라면, 이제는 움직임과 운동을 통해 다이어트를 완성할 차례다. 운동은 산후 다이어트의 중요한 두 번째 축이 된다.

집에서 할 수 있는 산후 다이어트

잘 먹었다면 이제 몸을 움직일 차례다. 하지만 엄마의 하루는 바쁘고, 헬스장에 갈 여유도 없다. 그렇기에 집에서 할 수 있는 운동이 중요하다. 아기와 함께하는 집이 곧 최고의 운동장이 될 수 있다.

1) 하루 5분 홈트레이닝

아기가 모빌을 보는 동안 매트 위에서 호흡

하기, 다리 들기, 골반 들어 올리기 등을 해 보
자. 짧게라도 꾸준히 하면 기초 체력이 쌓인
다.

2) 간단한 운동기구와 순환 크림

실내 자전거, 밴드, 스텝퍼 같은 기구를 활
용하고, 순환 크림을 함께 사용하면 효과가
배가된다.

3) 유튜브 홈트

'10분 산후 운동' 영상만으로도 충분하다.
아이가 따라 하는 모습은 덤으로 큰 행복이
된다.

4) 아빠에게 육아 시간 선물하기

아빠가 아기와 교감하는 시간을 갖도록 하

고, 나는 그 시간에 맨손 체조로 몸과 마음을
충전할 수 있다.

5) 음악과 함께 밖으로 나가기

노래 한 곡 길이만큼 걷기 → 빠르게 걷기
→ 계단 오르기. 단계적으로 도전해 보자.

산후 다이어트는 특별한 장소나 시간을 내
야 가능한 일이 아니다. 집에서, 일상 속에서,
가족과 함께하는 시간 안에서 충분히 시작할
수 있다. 조금씩 몸을 움직이고, 나를 위한 시
간을 가지면서 밝고 자신감 있는 예전의 나를
되찾을 수 있다.

아기의 첫돌! 엄마도 변화되는 시간

10개월의 임신 기간 동안 내 몸이 천천히 변화했듯, 출산 후 몸이 임신 전으로 자연스럽게 돌아가기까지 시간이 필요한 것은 너무나 당연한 일이다. 임신 기간이 10개월이었다면, 출산 후에도 적어도 10개월의 시간을 회복에 주는 것이 마땅하다.

출산 직후 6~8주는 회복에 집중해야 하므로, 산후 다이어트의 마무리 목표를 12개월

로 잡는 것이 몸과 마음 모두 편안하다. 아이
의 첫돌에 맞춰 산후 다이어트에 성공하겠다
고 생각해 보자. 임신 중 몸의 변화를 서서히
받아들였듯, 출산 후에도 몸이 건강하게 변할
시간을 주며 천천히 적응하는 것이 중요하다.

무엇보다 중요한 것은 매일의 작은 변화다.
아기가 3개월에 뒤집고, 6개월에 기어 다니고,
12개월에 서거나 첫걸음을 떼듯, 엄마의 몸도
하루하루 서서히 변한다.

중요한 것은 한 번에 모든 걸 바꾸려 하지
않는 것이다. 급격한 변화는 몸과 마음에 스
트레스를 준다. 스트레스 없는 나만의 속도로
지속하는 것이 핵심이다. 목표는 완벽함이 아
니라 지속 가능성이어야 한다.

회복 기간이 지나면 하루 10분이라도 움직
이고, 한 끼라도 건강하게 챙겨 먹어 보자. 움

직이고 잘 먹었다면 스스로에게 칭찬을 아끼지 말자. "난 충분하다. 잘하고 있다!"라는 말 한마디가 내일도 잘 먹고 움직일 수 있는 동기가 된다.

아기의 12개월은 놀라울 만큼 빠른 성장이 일어나는 시간이다. 그리고 엄마의 12개월 역시 큰 변화를 만들어 내는 시간이다. 작은 습관과 노력이 모여, 1년 뒤에는 분명 웃고 있는 나를 만날 수 있다.

오늘 한 끼의 건강한 식사, 오늘의 작은 움직임이 내일의 나를 조금 더 빛나게 한다. 그러니 모습이 빨리 바뀌지 않는다고 조급해하지 말고, 살이 빠지지 않는다고 걱정하지 말자. 최선을 다한 오늘 하루가 엄마인 나에게 최고의 하루로 돌아올 것이다.

 함께가서 괜찮은 **출산과 육아**

제4부

우리만의 길을 찾는 육아

1. 책대로 되지 않더라

모르는 것은 책이나 자료로 배우라는 말은 익숙하다. 그래서 임신을 하면 책을 선물 받거나 사게 된다. 그러나 육아는 책에서 말하는 대로만 되지 않는다.

"아기가 울 때 이렇게 달래야 한다."
"아기가 운다고 바로 안아주면 안 된다."
"수면 교육은 꼭 해야 한다."
"자연스럽게 키우는 게 가장 좋다."

이처럼 수많은 조언들이 책마다 다르다. 그러나 현실 속 내 아기는 책 속 아기가 아니었다. 책에서는 3시간 간격으로 수유하라고 했지만, 내 아기는 조금씩 자주 먹는 아기였다. 억지로 시간에 맞추려 해도 아기는 힘들어했고, 결국 나는 아기 리듬에 맞춰 수유하게 되었다.

그제야 깨달았다. 우리 아기는 책 속 아기가 아닌, 오직 우리만의 아기라는 것을. 책은 참고서일 뿐, 정답지는 아니다. 중요한 건 '관찰'이다. 내 아기를 매일 살피고 기록하다 보면 우리만의 방식이 보인다. 건강하게 자라고 있다면 그것이 바로 정답이다.

2. 엄마도 아기도, 우리만의 속도로 성장하기

　임신 중에는 '옆집 아이와는 비교하지 않겠다'고 다짐했지만, 막상 육아를 시작하면 마음처럼 되지 않는다. "조리원 동기 아기는 벌써 뒤집었다더라"는 말에 불안해지고, 아기가 잘 못하는 것 같아 조바심이 난다.

　하지만 아기는 저마다의 속도가 있다. 첫째는 180일 만에 뒤집었고, 둘째는 80일 만에 뒤집었다. 같은 부모에게서 태어난 아이도 이

렇게 다른데, 옆집 아기와 우리 아기를 비교하
는 건 의미가 없다.

　육아는 비교가 아니라 '발견'이다. 오늘 우
리 아기가 어제보다 조금 더 웃었다면, 새로운
소리를 냈다면, 그것으로 충분하다. 아기와 나
만의 속도를 인정하는 순간, 비교에서 오는 불
안은 줄어든다.

3. 있는 그대로의 나와 아기를 사랑하기

육아에서 가장 힘든 순간 중 하나는 '인정하기'다. 아기가 왜 우는지 몰라 초조해지고, 자신을 탓하며 "나는 좋은 엄마가 아닐지도 몰라"라는 불안이 엄습한다.

하지만 초보 부모에게 서툰 건 너무도 당연하다. 초보 엄마이니 아기를 안는 것도 서툴고, 이유를 모른 채 아기와 함께 울기도 한다. 그 모든 순간이 정상이다.

나를 인정하고, 아기를 있는 그대로 인정하
는 것. 이것이 육아를 버티는 힘이 된다. 잘 먹
고, 잘 자고, 건강하게 자란다면 그것만으로
도 이미 충분하다.

4. 정보의 바다에서 길을 잃지 않으려면

요즘은 유튜브, 블로그, 육아 카페에 정보가 넘쳐난다. 하지만 남의 방법이 내게 꼭 맞는 것은 아니다. 중요한 건 우리 가족에게 맞는 기준을 세우는 것이다.

엄마의 본능과 느낌 또한 존중해야 한다. 하루 종일 아기를 가장 가까이서 지켜본 사람은 부모이기 때문이다. 넘쳐나는 정보 속에서 길을 잃지 않으려면, "우리 가족에게 필요한 건 무엇인가"라는 질문을 늘 품고 있어야 한다.

그 속에서 우리만의 기준을 세우면 된다.

부록

A. 부모가 되는 길, 함께 하는 준비

B. 부부가 함께 준비하는 출산 전 이야기

A. 부모가 되는 길, 함께 하는 준비

출산은 단순히 아기가 세상에 나오는 일이 아니다. 부부가 하나의 팀으로 협력하며 생명을 맞이하는 여정이자, 가족으로서 새로운 출발을 준비하는 과정이다! 예비 부모와 초보 부모가 따라 하기 쉽게, 그리고 몸과 마음의 준비를 할 수 있도록 준비했으니 실천할 수 있으면 좋겠다.

1. 산전 복부 들기
_〉 배 들어주는 마법의 손!

만약 등산하다가 친구가 넘어졌다. 그럴 때 당신은 어떻게 할 것인가? 당연히 친구를 잡아주고, 부축하며 무사히 산에서 내려올 수 있게 도와줄 것이다. 그렇다면, 내 옆에 있는 임신한 아내를 보면서 생각해 보자. 아내는 배가 커질수록 조금만 움직여도 호흡이 가빠지고, 뒤뚱뒤뚱 걷게 된다. 아내가 힘들어 보일 때, 우리는 이런 방법으로 도움을 줄 수 있다.

| 산전 복부 들기

• 남편은 아내의 뒤에 선다.

• 아내가 남편의 품에 기댈 수 있도록 도와준다.

• 양손을 포옹하듯 배를 감싼 후, 아래 배 위치에서 살짝 들어주자. (힘이 생각보다 많이 든다면 손깍지를 끼고 하는 것도 좋다.)

• 무거운 배를 살짝만 들여도 허리 통증이 줄어든다.

2. 골반 흔들기
> _> 골반이 부드러워야 출산이 편해진다

남편의 따뜻한 손길은 아내에게 위로와 안
정감을 선물한다. 골반 흔들기는 골반 통증과
긴장된 골반 주변 근육을 풀어주는 데 효과적
이다.

- 아내는 엎드려 짐볼에 살짝 기댄다.

- 남편은 얇은 담요 또는 큰 타월로 골반을 감싼 후, 양 끝을 잡고 가볍게 좌우로 흔든다.

- 천천히 부드럽게 아내의 골반이 움직이게 하는 게 중요하다. 이 운동은 출산 중 진통할 때 허리 통증으로 완화 시키는 데 효과적이다.

Q. 언제부터 하면 좋을까요?

A. 임신 28주 이후부터 하루 1~2회, 3분 내외면 충분해요.

3. 등 쓸어주기
_〉등을 쓸어만 줘도 숨이 쉬어진다!

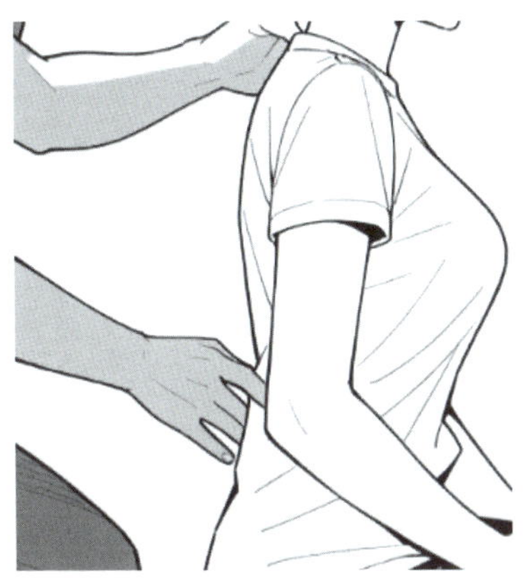

우리의 척추는 S자 형태이다. 임신 중에는 체중의 중심이 변화하며 곡선이 더 도드라진다. 이로 인한 아내의 피로도는 당연히 높아질 수밖에 없다. 이때 가벼운 터치만으로도 피

로도를 낮출 수 있으니 꼭 실천해 보도록 하
자.

| 등 쓸어주기

- 아내의 등 뒤로 가서 손바닥으로 위에서 아래로 가볍게 쓸어준다.

- 아내가 등 통증을 호소한다면, 짐볼에 기댄 상태에서 손바닥으로 척추를 따라 지그시 누른다. (짐볼에 기댄 자세 : 골반 흔들 때와 같은 자세)

- 손바닥과 손끝에 사랑을 담아 부드럽게 쓸어주는 것만으로도 효과를 볼 수 있다.

- 진통 시 통증을 완화할 수 있는 쉬우면서도 손쉬운 방법이니 자주 연습해서 익혀두자.

4. 복부 마사지
_〉 튼살 예방! 아기와의 교감! 하루 5분이면 충분하다

튼살은 피부가 과도하게 늘어나면서 진피층이 손상되어 나타나는 선형의 흉터이다. 복부와 가슴, 엉덩이, 허벅지 등의 특정 부위에 빠르게 생기면서 피부의 특정 구소가 손상되어 발생한다. 튼살은 호르몬의 변화와 유전적 요인 때문에 생긴다. 임신과 출산은, 때로는 영광의 흔적으로 튼살을 남기기도 한다. 임신 기간에 튼살에 좋다는 오일과 크림을 부지런히 바르며 예방했더라도 튼살이 생겨 속상해하는 엄마가 많다. 튼살 오일을 바르며 복부

마사지를 하는 시간을 아기와 교감하는 시간
으로 정해 아빠의 하루 마지막 루틴으로 약속
한다면 아내와 아기는 더할 나위 없이 행복할
것이다.

Q. 튼살이 남편의 마사지로 효과가 있을까요?
A. 스판덱스 티셔츠와 면 티셔츠를 생각하
면 이해하기가 쉽다. 신축성이 좋은 스판
덱스 티셔츠는 손상 없이 최대치까지 늘어
난다. 그에 반해 신축성이 없는 면 티셔츠
는 금방 손상이 생긴다. 남편의 마사지가
면 티셔츠에서 스판덱스 티셔츠로, 신축성
을 좋게 만들어 가는 과정이라고 생각한다
면 어떨까?

유연성과 신축성이 없는 단단한 느낌의 피부
부위는 튼살이 생기기 쉽다. 이런 부위에 마
사지로 혈액순환을 촉진해 피부에 더 많은 산

 함께같서 괜찮은 출산과 육아

소와 영양소를 공급한다면, 혈액순환이 좋아
지면서 피부 조직이 잘 복구되고, 피부가 늘어
나는 데 필요한 탄력을 유지할 수 있다. 이는
피부의 유연성을 향상하게 시키고 대사 기능
을 개선하는 데 효과적이다.

| 복부 마사지

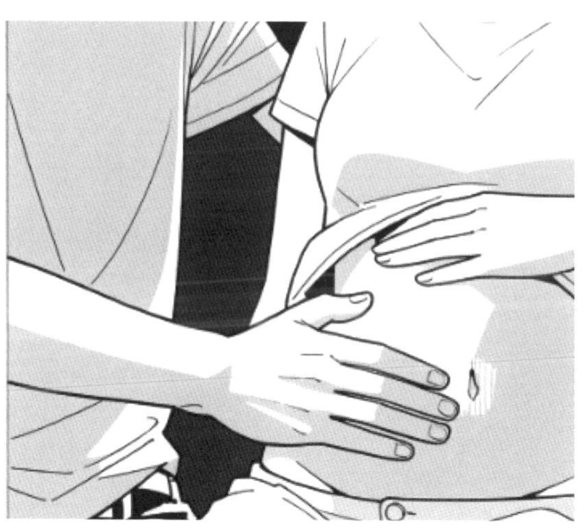

- 튼살 오일이나 크림을 양 손바닥이나 배에 적당
량을 덜어 손을 비벼 마찰의 온도로 녹이며 만진다.

- 아랫배 중앙에서부터 순두부를 만지는 것과 같은 가벼운 터치로 하트를 그리며 윗배까지 올라간다. 이때 아내의 피부를 느껴보자. 피부가 건조하거나 단단한 부위가 있다면 손바닥으로 원을 그리듯 피부를 펴 준다.

- 아내의 배를 만지는 것은 아기와도 교감하는 것이다. "오늘 하루 엄마와 어땠니?"라고 속삭이며 아기에게 태담을 해줘 보자. 아기도 아빠의 손길을 느끼며 반응할 것이다.

5. 계단 오르기

출산 전 자주 듣는 말이 있다면 운동하라는 말이다. "많이 걷는 게 좋고 계단 타기는 더 좋아요", "앉아서 걸레질하는 것도 좋아요"와 같은 말들은 출산을 위해 운동의 필요성을 생각하게 한다. 그런데 어떤 운동을 해야 하는지 모르겠다면, 병원과 출산 선배들이 추천하는 '계단 오르기'를 시도해 보자. 계단 오르기는 엄마의 몸과 아기의 움직임에 많은 변화를 가져다준다.

Q. 왜 계단 오르기를 추천하는 걸까?

A. 예를 들어 스키니 진을 입었다고 생각

해 보자. 꽉 끼는 스키니 진을 입기 위해 내가 어떤 방식으로 옷을 입었는지를 생각하면 쉽다. 우선 다리를 넣고 바지의 허리춤을 잡고 흔들 듯이 오른쪽 왼쪽 당기면서 다 입고 나서는 콩콩 뛴다. 계단 타기 효과가 바로 이것이라고 생각하면 쉽다. 배 속 아기가 산도를 통과하는 과정을 스키니 진을 입는 동작과 연결하여 상상해 보자. 내 몸이 스키니 진이 되는 것이다. 우리의 골반이 스키니 진이고 배속 아기는 스키니 진을 입듯 우리의 골반을 통과하여 세상 밖으로 나와야 한다.

이때 계단 타기가 내 몸이 자연스럽게 좌우로 흔들리고 골반이 앞뒤로 기울어지게 되면서, 아기가 골반 입구의 가장 좋은 자리로 자리 잡을 수 있도록 돕는 역할을 한다. 출산이 다가오면 아기가 태어나기 위해 골반 쪽으로 내려오는, '하강'이 필요한데, 계단 타기의 동작이 이 과정을 돕는 것이다. 또 다른 좋은 점은 골반이 자연스럽게 열리고 유연해진다는 것이다. 골반의 움직임이 좋아지면, 분만 시간이 짧아지고 난산의 위험도 줄어들 수 있다.

- 계단 타기는 천천히, 안전하게 하는 게 제일 중요
하다.

- 난간을 잡거나 남편이 아내의 뒤를 따르며 조심
히, 천천히 한 칸씩 올라가 보자. 처음 시작은 3분이
면 충분하다. 이 운동은 속도가 중요한 것이 아니라
아기가 골반 안에서 자리 잡을 수 있는 비대칭적 움
직임이 중요하다.

- 한쪽 다리를 들어 올리는 동안 골반이 자연스럽
게 기울어지면서 아기는 더 나은 자세를 찾을 수 있
다.

- 내려올 땐 무리하지 않도록 엘리베이터를 활용하
는 것이 좋다. 계단 타기가 힘들다면 스텝 박스를 이
용하는 것도 좋은 방법이다.

"막달 계단 타기는 출산의 자신감도 함께 심어줬어
요. 처음엔 2층 올라가는 것도 힘들었는데 출산 전
에 15층도 거뜬히 했거든요. 출산 마지막 힘 줄 때
이때 쌓은 체력을 쓴 것 같아요."

| 지그재그 계단 움직이기

- 지그재그로 오른발 왼발, 번갈아 가면서 계단을 오른다. 한쪽 발을 올리기만 해도 효과적이다. 이 운동은 몸이 유연해지고 골반을 받쳐 주는 근육이 강화된다. 이 힘은 출산 중 아기를 밀어내는 힘도 길러 준다.

- 계단 타기를 하는 동안 차오르는 숨과 심장이 빨리 뛰는 것은 아기에게 더 많은 산소와 혈액을 보내는 과정이다.

6. 출산 후 부종 해결
_> 코끼리 발에서 빠져나오는 법!

　출산 후 아기를 품에 안아보고, 만져봐도 출산이 쉽게 실감이 나지 않는다. 출산했지만 배는 여전히 나와 있고 달라진 게 없어 보이기 때문이다. 이때 산모들은 매우 당황스러워한다. 아기가 태어났는데, 왜 몸무게는 변화가 없을까? 아니 더 쪄 있는 경우들도 있다. 이것은 부종과 관련된다. 출산만 하면 다 해결되는 줄 알았는데, 만삭 때보다 더 퉁퉁 부어 코끼리 발 같은 다리가 되었을 때 절망스럽다.

| 출산 후 부은 다리

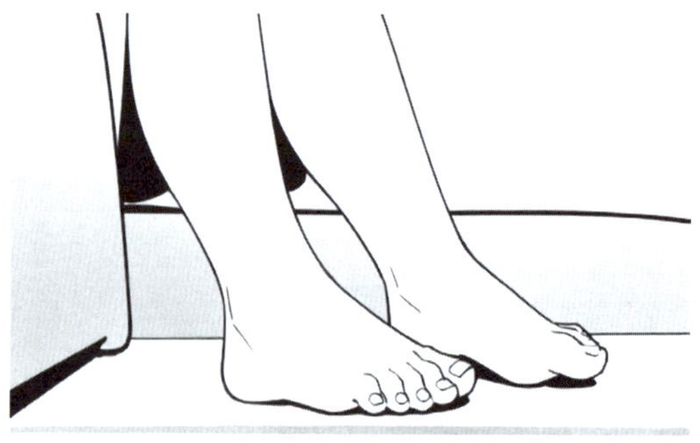

이렇게 부은 모습에 불안감이 엄습한다. 불안해하지 않도록 부종에 대해 다시 알아보자.

출산 후 부기는 임신 중 몸의 변화와 관련이 있다. 임신 중엔 혈액과 체액의 양이 많이 증가한다. 아기와 산모 모두에게 충분한 영양과 산소를 공급하기 위해 혈액과 체액의 양이 약 50% 증가하게 되는데, 이는 출산 중 출혈을 보완하고 아기의 성장에 필요한 환경을 제공하는 것이다. 이처럼 증가한 혈액과 체액은 임신 중 매우 중요한 역할을 하지만, 출산 후에는 불필요하게 남아 몸 곳곳에 정체되어 부종으로 이어진다.

출산 직후에는 임신 중 증가했던 프로게스테론과 같은 호르몬 수치가 급격히 감소하면서 체액 조절 기능이 약해지는데, 결과적으로 이 체액이 다리와 발, 손과 같은 말단 부위에 더 고이게 된다. 출산으로 누워있는 시간이 늘면 중력의 영향을 받아 다리와 발이 유독 더 많이 붓게 된다. 분만법에 따라서도 붓기가 달라질 수 있고, 약물 투여의 시간이나, 출혈량에 따라 다 달라질 수 있으니 다른 사람보다 심하다고 하여 너무 놀랄 필요는 없다. 제왕절개의 경우 수액이나 마취제의 영향으로 부종이 더 심해지는 일도 있다.

이제 부종의 원인을 알았으니 해결하는 방법을 알아보자.

| 수분 섭취

• 충분한 수분 섭취는 체액 배출을 돕는다. 우리 몸은 소변을 통해 염분과 수분을 배출하기에 부기 제거엔 충분한 수분 섭취가 필요하다.

• 출산 후, 거동이 힘들다면 빨대 컵을 추천한다.

 함께가서 괜찮은 출산과 육아

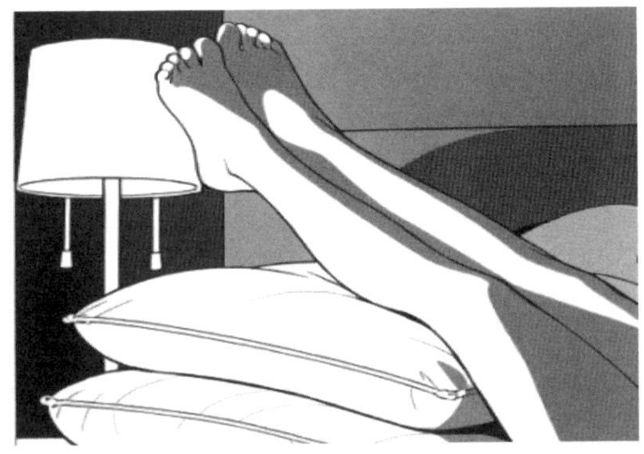

- 다리를 심장보다 높게 올려 중력의 도움을 받아
  순환이 잘되도록 해 보자.

- 하루 10~15분 정도 여러 번 반복하는 것이 좋다.

- 누운 상태로 발목 돌리기, 발가락 움직이기, 발끝
  당기기 등의 움직임은 순환에 더 도움을 줘서 부기
  가 잘 빠진다.

| 가벼운 움직임

- 입원실에서 2~3일이 되었다면 움직여야 한다.

- 천천히 몸을 일으켜 걸어보자.

- 걷기와 같은 가벼운 움직임은 혈액순환을 촉진
하고 체액 배출에 도움이 되어 부기가 눈에 띄게 감
소한다.

| 마사지

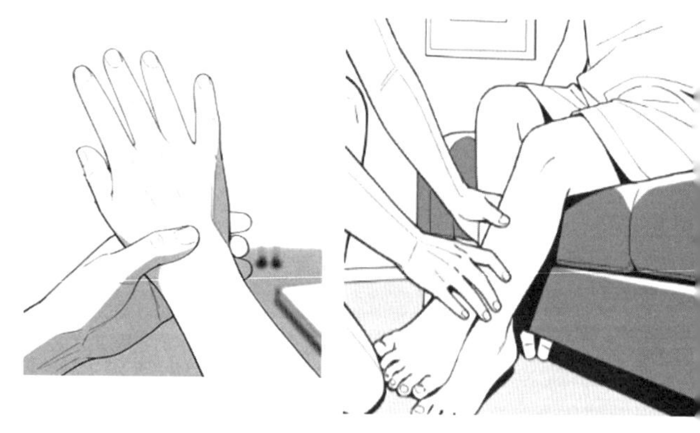

- 출산 가방에 튼살 오일이나 크림을 꼭 챙겨 가자.

- 손 마사지의 경우 손가락 끝에서 심장 방향으로
쓸어준다.

• 다리 마사지는 발바닥부터 시작, 발등에서부터 뼈를 만진다는 느낌으로 발끝에서 발목으로 쓸어 올린다. 발목에서 정강이뼈를 찾듯이 손바닥과 손가락을 이용해 무릎까지 올려준다.

• 천천히 움직인다. 한쪽 발당 10~15분 정도 반복하면 부기는 작아지고 훨씬 더 가벼워진 발을 느낄 수 있다.

부기는 회복의 신호이다. 부종이 심하면 "내 몸이 회복을 위해 열심히 일하고 있구나!"라고 긍정적으로 생각하자. 움직임과 마사지하며 내 몸을 가꾼다면 점점 몸은 가벼워질 것이다.

Q. 출산 후 몇 주 정도 부기가 지속되나요?

A. 보통 2~3주 안에 빠지지만, 육아 피로도에 따라 빠진 부기가 다시 부을 수도 있다.

7. 스트레칭
_〉엄마가 편해야 아기도 편하다

육아의 시간은 엄마와 아기가 서로를 알아가는 시간이다. 하지만 이 시간이 엄마에게는 긴장과 피로를 가져다주기도 한다. 아기를 안고 있는 동안 구부정한 자세가 되고, 그로 인해 목, 어깨, 허리와 손목 등이 뻣뻣해지고 아프기도 하다.

아기를 돌보며 간단한 스트레칭으로 내 몸을 돌보는 시간을 가져보자. 하루에 10~20분 정도의 시간을 활용한다면 더 유익하고 행복한 육아가 될 것이다. 특히나 100일 전 아기가 자신의 몸을 제대로 못 가눌 때는 꼭 필요한 시간이다. 엄마 대부분의 시간이 아기에게 집중하고 있고 아기에 맞춰 몸을 고정하고 있기 때문이다.

고정된 몸은 근육이 지속적으로 긴장하는

 함께가서 괜찮은 출산과 육아

것을 느낄 수 있다. 그래서 산후에 엄마들을 만나면 모든 관절이 아프다고 한다.

• 아기를 바라보며 고개를 숙이거나 팔을 올려 아기를 받친다. → 목과 어깨 근육이 뻣뻣해진다.

• 손으로 아기의 머리나 몸을 받친다. → 손목과 팔 근육에 압력이 가해진다.

• 복부 근육의 힘이 없다. →앉은 자세에서 허리가 굽어지거나 골반이 불안정해서 허리에 통증이 생긴다.

• 이 모든 자세를 일정 시간 유지한다. → 고정 자세로 인해 혈액순환이 느려지고 몸이 무겁고 피로하다.

이런 문제들이 있기 때문에 많이 움직이지

않고도 간단히 할 수 있는 스트레칭으로 혈액
순환을 촉진하며 피로를 해결해 보자.

| 목 스트레칭

- 아기를 보기 위해 숙이는 것처럼 목을 숙여 긴장된
근육을 풀어 준다.

- 오른손을 위로 올려 왼쪽 귀를 감싸고 부드럽게
당긴다.

- 15~20초간 유지 후 반대쪽도 반복한다.

- 어깨 관절 유연성을 높이고, 아기를 안으면서 생긴 어깨와 등 근육의 긴장을 풀어 준다.

- 호흡을 크게 마시고 한숨 쉬듯 뱉어서 몸의 긴장도를 낮춘다.

- 등을 곧게 펴고 팔을 벌려 겨드랑이를 열어준 후 어깨를 천천히 뒤로 원을 그리듯 돌린다.

- 10회 반복한 뒤, 반대 방향으로 10회 돌린다. 양팔 동시에 해도 좋고, 한 팔씩 나눠서 해도 좋다.

| 손, 손가락 스트레칭

(육아로 인한 손목터널 증후군을 예방하는 스트레칭)

- 손을 앞으로 뻗어 손목을 손등 방향으로 당긴다.

- 반대 손으로 손가락 끝을 부드럽게 손등 방향으로 당겨준다.

- 반대로 손바닥 방향으로도 부드럽게 당겨보자.

- 반대 손도 같이 동작해 보자.

(긴장된 허리를 부드럽게 도와주는 스트레칭)

• 한 손을 머리 위로 올려 천천히 옆으로 봄을 기울인다.

• 옆구리 근육이 늘어나는 것을 느끼며 15초간 유지한다.

• 호흡을 깊게 마시고 뱉어 보자.

• 반대쪽도 한다. 이 운동은 뻐근한 측면 근육과 척

추의 긴장을 완화하는 데 도움이 된다.

| 발끝 움직이기

(다리와 발의 혈액순환을 돕는 스트레칭)

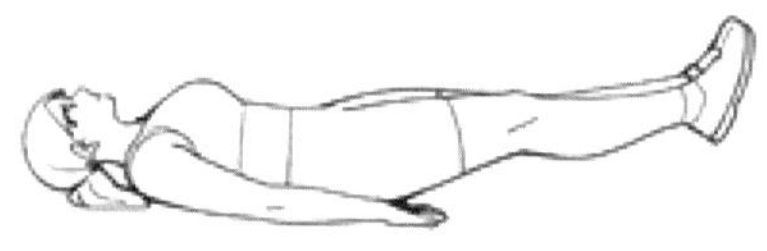

- 발을 편안히 놓는다.

- 발가락을 내 몸쪽으로 당기고 다시 풀어 준다.

- 발가락 하나하나를 움직여보자.

- 발목을 천천히 원을 그리듯 돌려보자.

- 다리와 발의 혈액순환 저하를 예방할 수 있다.

스트레칭은 몸을 푸는 것을 넘어, 마음을 안정시키는 데 큰 도움을 준다. 몸의 긴장을 풀고, 깊게 숨을 들이쉬는 것은 아이도 나도 돌보는 일이기에 시간을 내어 실천하면 좋다. 이 모든 동작은 육아 중 간단하게 실천할 수 있으며, 이것도 어렵다면 5분 정도의 시간을 투자하여 국민체조만 해도 개운한 몸을 되찾을 수 있다.

8. 올바른 수유 자세
_〉 나에게 딱 맞는 자세 찾기

수유는 아기에게 영양을 공급하고 교감을 나누는 귀중한 시간이다. 하지만 잘못된 자세로 수유하게 되면 엄마의 몸에 긴장과 통증을 준다. 수유 자세는 여러 번 장시간 반복되는 동작이기에 목, 어깨, 허리 등에 부담을 주기 쉽다. 올바른 수유 자세는 엄마와 아기 모두에게 편안한 시간이 될 수 있기에 나에게 맞는 편안한 자세를 찾아보는 게 필요하다.

| 교차식 요람 자서'

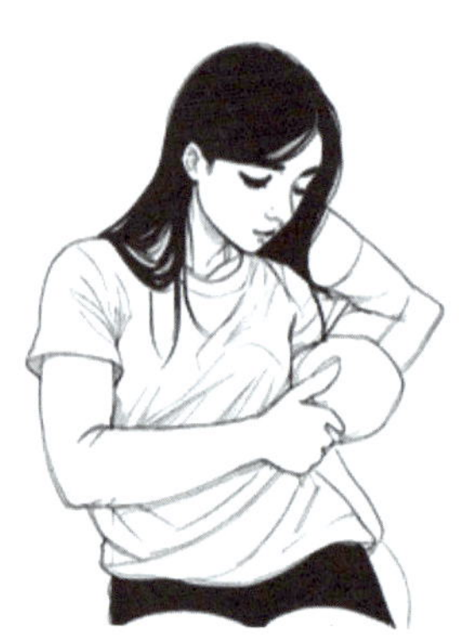

 함께가서 괜찮은 출산과 육아

- 한 손으로 아기의 머리를 감싸듯 받치고, 반대 손으로 가슴을 지지한다.

- 아기의 입이 유두와 같은 높이에 오도록 조정한다.

- 아기와 엄마 배를 밀착 지키고 가슴을 제대로 잡고 아기를 가슴 쪽으로 부드럽게 당겨 물려준다.

교차식 요람 자세는 초보 엄마들에게 가장 많이 추천하는 방법이다. 아기의 머리 위치를 세밀하게 조정할 수 있어, 엄마가 아기에게 젖을 제대로 물릴 수 있다. 수유쿠션을 사용하면 더 편하게 할 수 있다.

- 의자나 소파에 앉아 허리를 등받이에 기대어 안정적인 자세를 취한다.

- 아기의 머리를 팔꿈치 안쪽에 올려놓고, 팔로 아기의 등을 감싸듯이 안는다.

- 아기와 엄마의 배를 밀착시키고 아기의 입이 유두와 같은 높이에 오도록 조정한다.

요람 자세는 수유가 어느 정도 익숙해진 엄마 아기를 위해 추천하는 방법이다. 엄마가 아기에게 젖을 물려주기보다는 젖을 잘 찾아 먹을 수 있을 때 좋은 자세이다.

| 풋볼 자세

- 수유 쿠션을 사용해 아기를 안정적으로 지지한다.

- 아기를 클러치 백을 끼듯 옆구리에 밀착시켜 안아 준다.

- 한 손으로 아기의 머리를 손으로 받친다.

- 아기의 입이 유두와 같은 높이에 오도록 조정한다.

- 반대 손으로 가슴을 지지하고 아이를 잡은 손을 부드럽게 포물선을 그리며 당겨 물려준다.

초보 엄마, 가슴이 큰 엄마에게 추천하는 방법이다. 수유 쿠션을 사용하면 목과 어깨의 긴장도를 낮출 수 있다. 또한 경산모의 경우 수유하면서 첫째를 돌볼 수 있으므로 꼭 추천한다.

- 옆으로 누워 가슴 위치에 맞게 아이 위치를 조정한다. (베개나 수건을 깔아 높이를 맞출 수 있다.)

- 아기의 배꼽과 엄마의 배꼽이 마주하도록 하여 밀착한다.

- 아기의 입이 유두와 일직선을 이루도록 한다.

- 아기의 몸이 안정적으로 유지되도록 베개나 큰 수건을 사용해 머리와 등을 일직선으로 받쳐 준다.

엄마도 휴식을 취하면서 수유를 할 수 있기 때문에 밤중 수유에 추천한다. 다만 아기의 몸이 안정적으로 잘 유지 될 수 있게 주의해야 한다.

| 반쯤 누운 자세

- 소파나 침대에 등을 기대어 반쯤 눕는다.

- 아기의 머리를 엄마의 팔로 받치고, 아기의 몸을 엄마의 가슴과 밀착되도록 한다.

- 엄마가 반쯤 누운자세를 잘 유지할 수 있도록 배게 등을 이용한다.

이 자세는 엄마의 허리와 골반에 가해지는 압박을 줄이며, 허리가 불편할 때 통증을 완화하는 데 도움을 준다. 아기의 몸이 자연스럽게 엄마의 몸에 기댈 수 있다.

| 서서 하는 수유 자세

- 엄마의 한 손은 아기의 머리를 받치고, 다른 손은 아기의 엉덩이를 받친다.

- 아기의 배와 엄마의 배가 밀착되고, 입이 유두에 위치하도록 조정한다.

- 슬링이나 아기띠를 사용해 수유하면 훨씬 수월하다.

이 방법은 모유 수유가 익숙해진 후 추천하는 자세이다. 이동 중이거나 앉는 자세가 어려운 경우 사용할 수 있고, 안고 걸으면서도 수유가 가능한 자세다.

많은 수유 자세가 있지만, 나에게 다 맞을 수는 없다. 그리고 아기의 성장 과정에 따라 맞았던 수유 자세를 바꿔야 하는 경우들도 많이 생기므로 수유 자세를 다양하게 알고 있는 것이 중요하다.

젖을 빠는 건 본능이지만, 젖을 물리는 건 엄마의 학습이 필요하다. 아기의 빠는 행위는 본능이지만 가슴을 제대로 물지 못하는 아이들도 많다. 엄마가 가슴을 준다고 해서 덥석 잘 무는 아기는 소수에 불과하다. 수유 자세가 자연스럽게 된다는 생각은 버리고, 엄마가 배워야 한다는 점을 인지해야 한다.

- 아기의 입 크기와 개월 수에 맞는 젖꼭지를 선택한다.

- 젖병을 45도 기울여 항상 젖꼭지에 분유가 차 있도록 한다.

- 젖병을 빨 때도 모유 수유를 하듯이 아래턱을 움직여 빨 수 있도록 둔다.

- 아기의 몸이 비스듬히 일직선이 되도록 유지해 준다.

- 수유 후 트림을 시켜 공기를 배출시켜 준다.

젖병 수유는 아기가 편안하게 먹을 수 있는 환경을 만들어주는 것이 중요하다. 또한 아기의 수유량을 점검할 수 있다.

올바른 수유 자세는 엄마 몸에 가해지는 부담을 줄여주고 아기에게는 안정감을 준다. 아기의 성장과 엄마의 몸 상태에 따라 알맞은 수유 자세를 선택하여 행복한 수유 시간을 조성하는 게 필요하다.

9. 안정적으로 아기 안기
_〉엄마, 아빠 품이 제일 좋아요!

아기를 품에 안는 순간 엄마 아빠는 말로 표현할 수 없는 감정을 느낀다. 하지만 품에 안은 아기가 불편해하거나 울음이 끊어지지 않는다면 부모는 걱정에 휩싸인다. 희한하게도 아기를 키워본 경험이 있는 언니나 다른 사람이 아기를 안으면 편안해하지만 나는 그렇지 않다면 그 속상함은 이루 말할 수 없다.

수유 자세를 배우듯 아기를 안는 것을 본능에 맡길 게 아니라 배워야 한다. 아기를 안는 안정적인 자세는 아기의 신체적 안정감뿐만 아니라 엄마 아빠의 몸에 가해지는 부담을 줄여줄 수 있다.

가정방문을 하면 초보 엄마 아빠들은 본인들의 몸을 구겨서 아기를 안고 있는 모습을 보여준다. 그때마다 아기를 안는 방법을 다시 알려주는데, 아래에 제시된 방법을 사용하면 누구나 편안하게 아기를 안을 수 있을 것이다.

| 안기 자세

- 아기의 머리를 한쪽 팔로 부드럽게 받친다.

- 다른 쪽 팔은 아기의 엉덩이를 받친다.

- 부모의 팔에 의자처럼 엉덩이를 걸쳐 앉을 수 있게 한다. (부모의 팔이 아기를 안정적으로 받쳐 주면 팔과 손목의 부담을 줄일 수 있다. 아기와 목이 잘 지지되게 하자.)

- 겨드랑이를 붙여 아기의 몸을 지지하여 안정감을 느끼게 한다.

- 아기의 배와 부모의 가슴이 밀착되도록 위치하면 안정감이 커진다.

아기가 성장함에 따라 아기 체중의 중심이 달라진다. 언제든 아기의 중심이 한쪽으로 치우치지 않도록 복부에 힘을 주고 허리를 곧게 세워주는 것이 중요하다. 슬링, 아기띠, 힙 시트 등의 육아용품은 각각의 장점을 가지고 있고, 부모의 체형에 따라 적절히 잘 사용한다면 부모와 아기 모두에게 편안함과 안정감을 줄 수 있다. 아기를 안을 때 서로의 체온을 느끼며 교감하고 깊은 유대감을 만들 수 있다.

※ 초보 엄마들이 알아두면
좋은 모유 수유 용어

1. 수유 간격(텀) - 아기가 한 번 수유한 후 다시 수유할 때까지의 시간 간격

(ex. 오후 2시에 먹고 오후 4시에 먹었다면 수유 텀은 2시간 간격이다.)

2. 완전모유수유 - 아기가 모유만 먹고 다른 보충식을 전혀 먹지 않는 것

3. 혼합수유 - 모유와 분유를 함께 먹이는 것

4. 완모(완전모유수유) - 모유만 먹이는 것

5. 완분(완전분유수유) - 모유 없이 분유만 먹이는 것

6. 이유식 - 생후 4~6개월 이후 모유나 분유 외에 처음으로 먹이는 음식

7. 직수(직접 수유) - 아기가 젖병 없이 엄마의 가슴에서 직접 젖을 빠는 것

8. 유축수유 - 엄마가 모유를 짜서(유축) 젖병에 담아 먹이는 것

9. 젖몸살 - 수유 초기에 유방이 단단하게 붓고 아픈 상태

10. 유축 - 유축기를 이용해 모유를 짜내는 과정

11. 유선염 - 유방이 막히고 염증이 생기는 질환

12. 유두혼동 - 젖병과 엄마 젖의 차이로 인해 아기가 혼란을 느끼는 현상

13. 수유 스트라이크 - 아기가 갑자기 젖을 거부하는 현상

14. 급성장기 - 아기가 빠르게 성장하면서 수유량이 갑자기 증가하는 시기. 보통 생후 3주,

6주, 3개월, 6개월 등에 나타난다.

15. 원더윅스 - 생후 20개월까지 아이가 신체적, 정신적으로 급성장하는 시기로 약 10번의 원더윅스가 찾아온다고 한다. 아기가 평소보다 더 많이 울고 보채면서 잠을 잘 못 자거나, 엄마에게 더 달라붙는 등의 변화가 나타나 부모와 아이 모두 힘든 시기이다.

16. 전유 - 수유 초반에 나오는 묽고 수분이 많은 모유

17. 후유 - 수유 후반부에 나오는 진하고 지방 함량이 높은 모유로 아기의 포만감을 돕고 성장에 필요한 짙은 모유

18. 수유거부 - 아기가 특정 이유(환경 변화, 유두혼동 등)로 수유를 거부하는 현상

19. 분유 보충 - 모유량이 부족하거나 필요한 경우 분유를 추가로 먹이는 것

| 엄마 품에서 시작되는
하루 노트는 이렇게

아기의 하루는 작은 변화에도 의미가 있다. 그래서 수유일지는 복잡하게 쓰는 기록이 아니라, 아기의 리듬을 알아가기 위한 따뜻한 관찰 노트이다. 기록해야 할 내용은 아래처럼 간단하다.

· 수유 시간 (몇 시에 먹었는지)
· 수유 시간 간격 (지난 수유와의 시간 차이)
· 양쪽 수유 기록 (어느 쪽을 얼마나 먹었는지)
· 젖병 수유 양 (유축·분유 포함)
· 아기의 반응 (잘 먹었는지, 잠들었는지, 거부했는지)
· 기저귀 상태(소변, 대변 개수)

수유일지는 어렵지 않다. 종이에 간단히 적어도 되고, '베이비타임' 같은 앱을 사용하면 가족과 쉽게 공유할 수도 있다. 이렇게 남긴 기록은 아기의 수유 패턴을 이해하게 하고, 엄마의 수유 생활을 더 편안하게 돕는다.

10. 엄마의 식단

_〉다이어트 음식 만들기

쉽고 간편하면서도 영양가 높은 음식을 챙겨 먹는 방법이다.

1) 단백질 듬뿍 닭가슴살 오트밀 죽

·재료: 닭가슴살 100g, 오트밀 1/2컵, 물 2컵, 다진 마늘, 소금

·만드는 법:

(1) 닭가슴살을 삶아서 찢어둔다.

(2) 냄비에 물을 끓인 후 오트밀을 넣고 5분간 저어가며 끓인다.

(3) 닭가슴살과 다진 마늘을 넣고 약한 불에서 더 끓인 후 소금으로 간한다.

(4) 기호에 따라 참기름 한 방울을 추가한다.

 함께라서 괜찮은 출산과 육아

2) 호르몬 균형을 돕는 두부 달걀찜

· 재료: 두부 1/2모, 달걀 2개, 우유 2큰술, 소금, 참기름

· 만드는 법:

(1) 두부를 곱게 으깨고 달걀과 섞은 후 우유와 소금을 넣어 잘 섞는다.

(2) 뚝배기에 담아 약간 약한 불에서 15분간 찌면 완성.

(3) 기호에 따라 참기름을 살짝 두른다.

3) 기력 회복에 좋은 연근 쇠고기 조림

·재료: 연근 100g, 소고기(불고기용) 100g, 간장 1큰술, 올리고당 1큰술, 물 1컵

·만드는 법:

(1) 연근을 얇게 썰어 물에 담가 둔다.

(2) 소고기를 팬에서 볶다가 연근과 물, 간장, 올리고당을 넣어 조린다.

(3) 약한 불에서 15분 정도 졸이면 완성.

4) 변비 예방을 돕는 바나나 오트밀 스무디

·재료: 바나나 1개, 오트밀 1큰술, 무가당 우유 1컵, 꿀 1작은술

·만드는 법: 모든 재료를 믹서에 넣고 곱게 갈면 완성.

5) 혈액순환에 좋은 단호박 두유 수프

·재료: 단호박 1/4개, 무가당 두유 1컵, 소금
약간

·만드는 법:

(1) 단호박을 찐 후 껍질을 제거하고 곱게 으
깬다.

(2) 두유와 함께 끓여서 소금으로 간하면 완
성.

B. 부부가 함께 준비하는 출산 전 이야기

1. 출산을 앞두고 꼭 나누어야 할 대화들

출산과 육아는 부부가 함께 여정이다. 서로의 생각을 나누고, 현실적인 준비를 하면서 서로의 생각을 알게 되고 더 단단해지는 부부와 부모가 되는 길이다. 임신과 출산, 육아를 준비하는 과정에서 꼭 이야기 나눴으면 하는 것들이다.

1) 건강 체크

◇ 산전 검사 및 건강 관리

- 산전 검사 일정 잡기

- 풍진 항체 검사 결과 확인 (O / X)

- 엽산, 철분, 칼슘 등 필수 영양제 섭취 시작하기

- 각자의 건강 상태 공유 (기존 질환, 생활 습관 등)

- 운동 및 생활 습관 개선 방법 논의하기

- 보건소 산전검사 및 혜택 확인하기

◇ 임신 중 건강 관리

  •임신 중 체력 유지 & 운동 계획 (산책, 요가, 필라테스 등)

  •임신 중 가능한 건강한 식단 정하기

  •부종, 허리 통증, 소화불량 등 대처법 논의

  •산전 관리 알아보기

  •임신 중 감정 기복과 스트레스 관리 방법 찾기

• 남편이 도울 수 있는 건강 관리 방법 정리

Q. 임신 중 가장 걱정되는 건강 문제는?

Q. 아내가 힘들 때 남편이 도와줄 방법은?

2) 재정 계획

◇ 출산 및 육아 예산 세우기

·출산 병원비 예상 예산 정리 (자연주의 출산 / 둘라 / 자연분만 / 제왕절개 고려)

·산후조리 비용 (산후조리원 이용 여부 및 예산)

·육아용품 예산 계획 (기저귀, 옷, 침대, 타이니 모빌, 기저귀갈이대, 카시트, 유모차 등)

·예방접종 및 의료비 예산 정리

◇ 육아휴직 및 수입 변화

·출산휴가 및 육아휴직 계획 논의 (엄마 / 아빠)

- 육아휴직 동안의 수입 변화 계산하기

- 육아휴직 후 복직 시기 및 방식 논의

- 저축 및 장기적인 재정 계획 (아기 교육비,
보험, 문화 체험비 등)

Q. 출산 후 예상되는 가장 큰 재정 변화는?

Q. 육아 비용을 줄이는 방법은?

3) 커리어 계획 & 일·가정 균형

◇ 출산 후 커리어 계획

 •복직 시기 및 방식 논의 (전일제 / 파트타임 / 재택근무 등)

 •육아와 일 병행 방법 고민 (어린이집 / 육아도우미 / 부모님 도움 등)

 •남편과 아내의 육아시간 분담

Q. 출산 후 각자의 커리어 목표는?

Q. 육아와 일을 병행할 때 가장 걱정되는 부분은?

4) 육아 방식 & 역할 분담

◇ 우리의 육아 철학 정리

·모유수유 vs 분유수유 계획 논의

·아이의 육아 or 훈육 방법 의견 나누기

·아기의 일과(수면, 먹이기, 놀이 등) 관리
방식 논의

◇ 육아 역할 분담

·밤중 수유 및 기저귀 갈기

·목욕, 옷 갈아입히기 등 기본적인 육아 역
할 분배

·예방접종 및 병원 방문 동행 방법

·부모님의 육아 지원 여부 논의

Q. 아이에게 가장 중요하게 가르쳐주고 싶은 가치는?

Q. 아빠가 적극적으로 도와줄 수 있는 육아 영역은?

5) 정서적 준비 & 관계 유지

◇ 서로의 감정 나누기

　·임신 중 변화에 대한 서로의 느낌 공유하
기

　·부모가 되는 것에 대한 기대와 두려움 나
누기

　·임신 및 출산 후 스트레스 관리 방법 함께
찾기

◇ 부부 시간 함께 보내기

　·출산 후에도 부부만의 시간 확보하기(데이
트, 취미 공유 등)

　·육아 스트레스 해소 방법(운동, 취미 활동,
외출 등)

 함께라서 괜찮은 출산과 육아

·서로 감정을 솔직하게 공유할 수 있는 시
간 정하기(일주일에 한 번 대화 시간 확보)

Q. 출산 후에도 부부관계를 유지하기 위한 노
력은?

Q. 육아 스트레스를 함께 푸는 방법은?

6) 실질적 준비

◇ 출산 & 육아 준비물

　•출산 가방 준비 완료 (필요한 용품 체크리스트 확인)

　•아기방 또는 아기 돌볼 공간 꾸미기 계획 세우기

　•출산 후 필요한 용품 구매하기(젖병, 젖병 소독기, 분유 포트, 기저귀, 아기 옷, 유모차 등)

　•산모 교실 또는 부모 교육 참여하기

Q. 출산 후 가장 필요한 육아용품은 무엇일까?

Q. 아기와 함께 생활할 공간을 어떻게 꾸밀 것인가?

7) 출산 후 회복 계획 & 아빠의 역할

◇ 산후 회복 계획

- 산후조리 동안 아내를 위한 지원 방법 논의

- 산후 우울증 예방을 위한 대화 나누기

- 아내가 회복하는 동안 남편이 도울 수 있는 일 정리하기

◇ 아빠가 할 수 있는 일

- 육아 도우미 역할(트림시키기, 기저귀 갈기)

- 집안일 분담(설거지, 청소, 장보기 등)

- 아내가 충분히 휴식할 수 있도록 배려하기 (잠잘 시간 확보, 마사지, 간식 챙기기)

・산후 우울감 예방을 위한 대화 나누기

Q. 출산 후 엄마가 가장 필요로 할 도움은?

Q. 아빠가 적극적으로 할 수 있는 육아 참여
방법은?

8) 함께 행복한 육아를 위한 다짐

◇ 부부가 함께 기억해야 할 5계명

1. 우리는 부모이기 이전에 부부다.

2. 완벽한 부모가 아니라 행복한 부모가 되자.

3. 아이가 자라는 만큼 부모도 함께 성장해야 한다.

4. 힘들 때는 서로를 원망하는 대신 도울 방법을 찾는다.

5. 감정이 쌓이기 전에 함께 이야기한다.

2. 엄마·아빠에게 드리는 질문

〈엄마의 마음을 위한 대화 리스트〉

✓ 출산 후 나는 어떤 감정 변화를 겪고 있나요?

✓ 내 몸의 변화 중 가장 적응하기 어려운 부분은 무엇인가요?

✓ 지금 가장 힘든 것은 무엇인가요?

✓ 나는 하루 중 어떤 순간에 가장 행복한가요?

✓ 육아로 인해 포기했다고 생각하는 것이 있나요? 다시 시작하려면 어떻게 해야 할까요?

✓ 엄마로서 역할과 나 자신만을 위한 삶 사이에서 균형을 유지하는 방법은 무엇인가요?

✓ 나는 자신을 잘 돌보고 있나요?(먹는 것, 자는 것, 쉬는 것)

✓ 출산 전의 나와 지금의 나는 무엇이 다를까요?

✓ 내가 나에게 해 주고 싶은 따뜻한 말은 무엇인가요?

✓ 하루를 마무리하며 나에게 '고마운 점' 3가지를 적어보세요.

〈아빠의 마음을 위한 대화 리스트〉

✓ 아빠가 된 후 내 삶에서 가장 크게 변화한 것은 무엇인가요?

✓ 아내와 아이를 위해 내가 하고 있는 가장 중요한 일은 무엇인가요?

✓ 나는 아빠 역할에 만족하고 있나요? 더 잘하고 싶은 부분이 있나요?

✓ 육아와 일을 병행하면서 가장 힘든 점은 무엇인가요?

✓ 나에게도 휴식과 충전이 필요한 순간이 있나요? 나는 충분히 쉬고 있나요?

✓ 아내에게 더 잘해주고 싶은 것이 있다면 무엇인가요?

✓ 아내가 힘들어 보일 때 내가 할 수 있는 작은 행동은 무엇인가요?

✓ 아빠로서 나만의 육아 방식은 무엇인가요?

✓ 나의 부모님이 나를 키울 때와 내가 아기를 키울 때 가장 다른 점은 무엇인가요?

✓ 하루를 마무리하며 내가 좋은 아빠인 이유 3가지를 적어보세요.

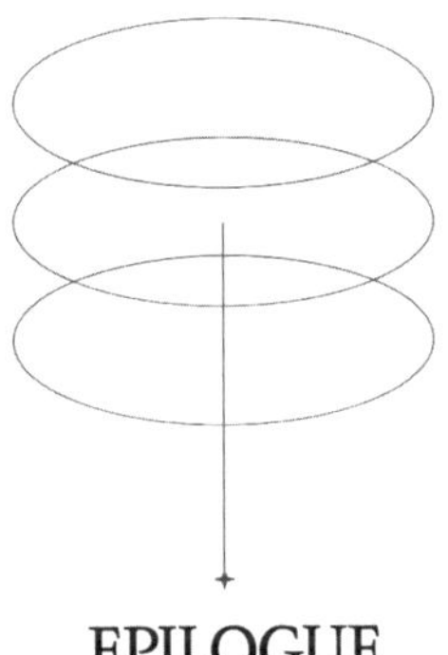

EPILOGUE

시간은 우리 편이다

"시간이 해결해 준다." 육아를 먼저 경험한 사람들이 하나같이 해 준 말이다. 아기가 어렸을 때는 이 말의 뜻을 도무지 이해하지 못했다. 밤새 잠 못 이루고, 아기의 울음을 달래며 초조해하던 나에게 시간이 무슨 해결을 해 준다는 건지 믿기 어려웠다. 그러나 시간이 지나면서 알게 되었다. 아기는 자라고 있었고, 부모도 함께 자라고 있었다는 것을.

부모가 되면 낯섦, 두려움, 수많은 질문이

한꺼번에 몰려온다. 아기가 울면 이유를 몰라 함께 울기도 했고, 수유할 때마다 제대로 하고 있는지 불안해하며 자신을 탓하기도 했다. 수십 번, 수백 번 손을 씻고도 아기에게 혹시 해가 될까 걱정했고, 잠든 아이의 얼굴을 들여다보며 숨을 쉬고 있는지 확인하곤 했다.

그러나 하루하루 시간이 쌓이면서 배운 것이 있다. 부모는 완벽하지 않아도 괜찮다는 것. 아이는 자라고, 부모도 자라며, 이 길은 혼자가 아니라 함께 걸어가는 길이라는 것이다.

엄마 자격이 없어 보였던 날도 많았고, 주저앉고 싶은 순간도 많았다. 워킹맘으로 지내며 늘 죄책감을 안고 살았지만, 아기의 작은 손이 내 손을 꼭 잡아주던 순간, 힘겹게 첫걸음을 떼던 아이가 내게로 달려오던 순간, 그 모든 시간이 나를 단단한 엄마로, 우리를 부모로 만들어 주고 있었다.

완벽한 부모는 없었다. 다만, 우리만의 방법

을 찾아가며 아이와 함께 배우고 성장하는 과정이 있을 뿐이다. 육아는 기다림의 연속이다. 아이가 수유 간격을 맞추길, 밤새 통잠을 자기길, 목을 가누길, 첫걸음을 떼길 기다린다. 그리고 언젠가는 아이가 홀로 설 수 있기를 기다린다. 그 기다림 속에서 부모 역시 성장한다.

아이들은 늘 우리의 걱정보다 더 잘 자라 주었고, 저마다의 방식으로 세상을 배우며 씩씩하게 커 갔다. 그 모습을 보며 나는 배웠다. 엄마가 완벽할 필요는 없다는 것, 아이를 믿고 응원해 주는 것만으로 충분하다는 것을.

내가 지금 이렇게 책을 쓰고, 일과 가정을 함께할 수 있었던 것은 우리 가족 덕분이다. 육아의 빈자리를 채워 주고, "쉬어"라고 말해 주던 남편, 나와 함께 아이들과 시간을 보내 준 가족의 동행이 없었다면 불가능했을 것이다.

나는 이제 이렇게 말하고 싶다.

"완벽하지 않아도 괜찮다. 오늘 실수했다면,

함께라서 괜찮은 출산과 육아

내일은 조금 더 나아지면 된다. 초보 부모로 고군분투했던 이 하루가 언젠가는 그리운 추억이 될 것이다.”

아기를 처음 품에 안던 날의 감동, 아이가 처음 불러 준 “엄마, 아빠”라는 말, 작은 손을 잡고 걸었던 첫걸음, 품에 안긴 채 잠들던 아이의 따뜻한 온기. 이 모든 순간이 부모가 된 우리에게 주어진 선물이었다.

이 책의 이야기가 당신의 이야기 같기도, 다르기도 할 것이다. 그러나 분명한 건, 부모 됨의 완벽함이 아니라 우리만의 방식으로 함께하는 과정이 가장 소중하다는 사실이다. 그렇게 조금씩, 천천히, 그러나 함께. 우리는 우리만의 가족을 완성해 가고 있다.

사랑하는 우리 가족,

그리고 모든 부모에게, 고맙습니다.

함께라서 괜찮은 출산과 육아

초판1쇄 발행 **2026년 1월 8일**

지은이 **정성미**

펴낸이   우지연
펴낸곳   한사람북스
출판등록   2023-000122호 2022년 7월 4일
주소   서울시 서초구 마방로6길 13
블로그   https://blog.naver.com/pleasure20
ISBN   979-11-93356-09-8 (13590)